航天工程系列精品出版项目

MATLAB
基础实例教程及
在航天中的应用

闻　新　占弘廷　李有光　周　露　编著

U0235082

北京理工大学出版社
BEIJING INSTITUTE OF TECHNOLOGY PRESS

内 容 简 介

本书共分 8 章，重点介绍了 MATLAB 的基础与应用。本书首先综述 MATLAB 的系统功能和特征，然后全面介绍了 MATLAB 的基本用法和技能，主要讲述 MATLAB 的程序编写、科学计算和绘制图形等设计过程与方法，具体包括 MATLAB 简介、MATLAB 基础知识、MATLAB 程序设计、数值计算、矩阵运算、符号运算、图形绘制和高级图形绘制等。为了引导读者快速掌握和理解 MATLAB 的应用技巧，在每节都针对具体指令、语句和函数，给出了大量的便于理解的范例和要点解释。为了引导读者学会应用 MATLAB 解决实际问题，第 8 章给出了几个航天案例，一步一步地带你走进科研分析殿堂。

本书由浅入深，叙述详细，提供了大量的范例，适合作为教学教程或自学 MATLAB 工具软件的本科生、研究生、教师以及广大科技工作者的参考书。

图书在版编目（ C I P ）数据

MATLAB 基础实例教程及在航天中的应用／闻新等编著． -- 北京：北京理工大学出版社，2022.8

ISBN 978 - 7 - 5763 - 1545 - 5

Ⅰ．①M… Ⅱ．①闻… Ⅲ．①Matlab 软件 - 应用 - 航天工程 - 研究 Ⅳ．①V57 - 39

中国版本图书馆 CIP 数据核字（2022）第 135197 号

出版发行／北京理工大学出版社有限责任公司

社　　址／北京市海淀区中关村南大街 5 号

邮　　编／100081

电　　话／（010）68914775（总编室）
　　　　　（010）82562903（教材售后服务热线）
　　　　　（010）68944723（其他图书服务热线）

网　　址／http：//www. bitpress. com. cn

经　　销／全国各地新华书店

印　　刷／三河市华骏印务包装有限公司

开　　本／787 毫米 ×1092 毫米　1/16

印　　张／13.5

字　　数／314 千字

版　　次／2022 年 8 月第 1 版　2022 年 8 月第 1 次印刷

定　　价／58.00 元

责任编辑／陈莉华

文案编辑／陈莉华

责任校对／周瑞红

责任印制／李志强

MATLAB 软件自美国的 Math Works 公司推出以来，越来越受人欢迎。1993 年，Math Works 公司推出了基于个人计算机的 MATLAB 4.0 版本，1995 年推出了 MATLAB 4.2c 版本，从 1996 年 12 月的 5.0 版起，后经历了 5.1、5.2、5.3 等多个版本的不断改进，2000 年 10 月底推出了全新的 MATLAB 6.0 正式版（Release12），它在数值算法、界面设计、外部接口、应用桌面等诸多方面有了极大的改进。

MATLAB 的这些特点使它获得了对应用学科极强的适应力，它推出不久，就很快成为应用学科计算机辅助分析、设计、仿真和教学不可缺少的软件，并已应用在生物医学工程、信号分析、语音处理、图像识别、航天航海工程、统计分析、计算机技术、控制和数学等领域中。

自 21 世纪初以来，MATLAB 已经不再是一个简单的矩阵实验室了，它已经演变成一种具有广泛应用前景的全新计算机高级编程语言。2001 年，Math Works 公司推出了 MATLAB 6.x 版本，该版继承和发展其原有的数值计算与图形可视化能力的同时，还推出了 Simulink，拓展了用 MATLAB 进行实时数据分析、处理和硬件开发的道路。

2004 年 6 月 7.0 版本（Release12）出现，后经历了 7.0.1、7.0.4、7.1，直到 2006 年 9 年，MATLAB R2006b 正式发布，从那时开始，Math Works 公司将每年进行两次产品发布，时间分别在每年的 3 月和 9 月。

目前，MATLAB 的最新版本是 2021 年 12 月发布的 MATLAB（R2021a）。该书是基于 MATLAB（R2021a）版本编写的，目的是便于读者掌握最新版本 MATLAB 的使用方法和技巧。

本书共分为 8 章：第 1 章为 MATLAB（2021a）概论，让读者全面了解最新版本的功能特性。第 2 章叙述了 MATLAB 数值运算和功能函数的使用方法。第 3 章介绍矩阵运算和操作，包括 MATLAB 符号矩阵的运算和分解等内容。第 4 章介绍了 MATLAB 程序设计的基础知识，主要包括 M 文件、流程控制语句以及程序设计的技巧三个方面。第 5 章将带大家了解 MATLAB 中的函数，详细说明了在数值计算和信号处理中比较常用的函数，例如三角函数、矩阵函数和傅里叶变换函数等，另外还有一些特殊的函数。第 6 章首先归纳出 MATLAB 中常用的绘图指令，然后对其语法和用法加以说明，之后将通过大量的例子，让读者加深对这些指令的理解。第 7 章是在第 6 章基础上，针对绘图函数做一个进一步的进阶与解析。第 8 章介绍了若干个 MATLAB 在航天系统中的应用案例，还特别融入了 MATLAB 神经网络工具箱的航天应用案例；虽然本书没有介绍神经网络理论知识，但由于采用了一步一图的方式进行叙述，所以对于没有神经网络理论基础的读者也不会受到阻碍，相反，还会取得意外收获，因为 MATLAB 软件强大的功能更在于它的工具箱。

此外，本书的编写还具有以下特点：

■ 一般归纳和算例并重：本书对功能、指令函数作一般描述的同时，提供近百个算例。书中所有算例的程序、指令和函数调用所得的结果，都经过作者实践，给读者以正确真实、可重复的参照样本，减少读者对新知识的不确定感。

■ 系统论述和快速查阅兼顾：本书所有章节构成对 MATLAB (2021a) 各功能函数进行系统讲述，但就每章内容而言，它们相对独立，因此，本书既可系统学习，也可随时查阅。而且，本书自包含，既可以用于 MATLAB (2021a) 程序设计基础知识的学习，又可以用于 MATLAB (2021a) 的速查手册使用，方便读者。

■ 简单易学：以范例为主，图文为辅，通过标准算法和神经网络模型的例子，一步一步带领读者进入 MATLAB (2021a) 的工作环境和掌握编程技巧。

另外，在本书的编写过程中，衷心感谢南京航空航天大学航天学院教学副院长盛庆红教授，以及航天学院教材委员会专家们的支持；感谢北京理工大学出版社的编辑们为本书的编辑和出版工作付出的辛勤劳动。

由于作者的水平所限，书中尚存在一些不足和错误之处，欢迎读者批评指正。

编著者
2022 年 8 月于香港

目 录
CONTENTS

第 1 章

纵观 MATLAB

本章的目的是让读者对 MATLAB 软件平台有一个概括性的了解，所以本章主要介绍 MATLAB（2021a）丰富强大的功能模块。随着科学技术的发展，MATLAB 的功能不断提高和增强，进而使得 MATLAB 在科学研究中起着越来越重要的作用。

1.1　MATLAB 的功能和发展历史

科学计算是伴随电子计算机的出现而迅速发展并获得广泛应用的新兴交叉学科，是数学及计算机应用于高科技领域的必不可少的工具。通常实际的问题，可以根据物理的定律或假设，推导出映射此现象的数学公式或模型。透过数学分析与计算，再经计算机计算之后，可以模拟、估计与预测问题的现象，这也称为计算机仿真。

计算机仿真大致可以分为以下几个步骤：

第 1 步，建立数学模型。通过对实际问题进行数学抽象得到一个数学模型，这个模型必须简单、合理、真切地反映实际问题的本质。因此，在这个过程中应当深入了解实际问题，通过数学、实验、观察和分析相结合，建立优质的数学模型。

第 2 步，设计高效的计算方法。通过对数学模型分析，针对不同的问题设计高效的算法。在这个过程中需要考虑算法的计算量，以及计算所需要的存储空间等问题，在计算中时间与空间是相互矛盾的两个量，如何在这两者之间取舍是设计算法时需要考虑的问题。

第 3 步，分析计算方法。对第 2 步给出的算法进行理论分析，如算法的收敛速度、误差估计和稳定性等。

第 4 步，程序设计。根据设计的算法，编写高效的程序，并在计算机上运行，来验证第 3 步所做的理论分析的正确性及所用的计算方法的有效性。

第 5 步，数学模型考证。将设计的程序运用于第 1 步建立的数学模型，并将得到的数值结果与实际问题相比较，以考证所建立数学模型的合理性。当对建立的数学模型考证完毕，就可以进行预测和评估，并得到相应的结论。

计算机的快速发展使得人们越来越广泛地使用计算机来模拟客观的现实世界，从而预测和估计未来的趋势或者模拟在实验中无法重复进行的自然社会现象。因而科学计算已经成为科学活动的前沿，它已上升成为一种主要的科学手段。事实上科学计算的兴起已形成其与实验、理论鼎足而立之势，三者已成为科学研究方法上相辅相成而又相互独立、相互补充代替但又彼此不可或缺的三个主要方法。

MATLAB 是 Math Works 公司开发的集算法开发、数据可视化、数据分析，以及数值计算于一体的一种高级科学计算语言和交互式环境。它为满足工程计算的要求应运而生，经过不断发展，目前已成为国际公认的优秀数学应用软件之一。MATLAB 不仅可以处理代数问题和数值分析问题，而且还具有强大的图形处理及仿真模拟功能，它能很好地帮助工程师及科学家解决实际的技术问题。

作为一种数学应用软件，MATLAB 的发展与数值计算的发展密切相关。20 世纪 70 年代中期，时任美国新墨西哥大学计算机系主任的 Cleve Moler 教授出于减轻学生编程负担的动机，为学生设计了一组调用 LINPACK 和 EISPACK 库程序的"通俗易用"的接口，并以 MATLAB 作为该接口程序的名字，意为矩阵实验室（Matrix Laboratory），此即用 FORTRAN 编写的 MATLAB。经过几年的校际流传，在 Little 的推动下，由 Little、Moler、Steve Bangert 合作，于 1984 年成立了 Math Works 公司，把 MATLAB 的内核采用 C 语言编写，而且除原来的数值计算能力外，还新增了数据图形化功能。

1993 年，Math Works 公司推出了基于个人计算机的 MATLAB 4.0 版本，1995 年推出了 MATLAB 4.2c 版本，从 1996 年 12 月的 5.0 版起，后经历了 5.1、5.2、5.3 等多个版本的不断改进，2000 年 10 月底推出了全新的 MATLAB 6.0 正式版（Release12），其在核心数值算法、界面设计、外部接口、应用桌面等诸多方面有了极大的改进。这时的 MATLAB 支持各种操作系统，它可以运行在十几个操作平台上，其中比较常见的有基于 Windows 9X/NT、OS/2、Macintosh、Sun、UNIX、Linux 等平台的系统。

21 世纪初，MATLAB 已经不再是一个简单的矩阵实验室了，它已经演变成一种具有广泛应用前景的全新计算机高级编程语言。2001 年，Math Works 公司推出了 MATLAB 6. x 版本，该版继承和发展其原有的数值计算与图形可视化能力的同时，还推出了 Simulink，拓展了用 MATLAB 进行实时数据分析、处理和硬件开发的道路。

2004 年 6 月 7.0 版本（Release12）出现，后经历了 7.0.1、7.0.4、7.1，直到 2006 年 9 年，MATLAB R2006b 正式发布，从那时开始，Math Works 公司将每年进行两次产品发布，时间分别在每年的 3 月和 9 月，而且每次发布都会包括所有的产品模块。

目前，MATLAB 的最新版本是 2021 年 12 月发布的 MATLAB（R2022a）。该书是基于 MATLAB（R2021a）版本编写的，目的是为了便于读者掌握最新版本 MATLAB 的使用方法和技巧。

1.2　MATLAB 工具的优点

MATLAB 不仅是一种直观、高效的高级语言，同时又是一个科学计算的平台。应用 MATLAB 系统进行科学计算有非常大的优势，它的功能强大、简单易学、编程效率高，深受广大科技工作者的欢迎。

MATLAB 提供了一种高级语言和多种开发工具，可以迅速开发、分析算法和实际应用。由于 MATLAB 语言支持矢量和矩阵操作，以矩阵作为语言系统的最基本要素，从而极大地简化了线性运算，矩阵和矢量操作是科学计算的基础，从而大大提高了科学计算的效率。因为 MATLAB 语言不需要执行低级管理任务，如声明变量、指定数据类型、分配内存，而且在许多情况下，MATLAB 不需要使用"for"循环，而是通常只用一行 MATLAB 代码代替多行 C 或 C ++ 代码，因此可以比传统语言更快地编程和开发算法。同时，MATLAB 提供了传统编程语言的所有功能，包括数学运算、流程控制、数据结构、面向对象的编程和调试功能。

考虑到矩阵和矢量计算的复杂编程问题，MATLAB 采用处理器优化程序库，对通用标量计算，MATLAB 使用 JIT（Just In Time）汇编技术生成机器代码。这种技术可以用于大多数平台，提供了相当于传统编程语言的执行速度。

MATLAB 包含多种开发工具，帮助有效实现算法，包括 MATLAB Editor（提供了标准编程和调试功能，如设置断点和单步执行）、M - Lintcode Checker（分析代码，推荐改动方案，改善性能和维护能力）、MATLAB Profiler（记录执行每行代码所用的时间）、Directory Reports（扫描一个目录下的所有文件，报告代码效率、文件差异、文件相关性和代码覆盖范围）。

另外，MATLAB 具有丰富的应用功能，大量实用的辅助工具箱适合不同专业研究方向及工程需求的用户使用。MATLAB 系统由两部分组成，即 MATLAB 主程序、Simulink 动态系统仿真及辅助工具箱，它们构成了 MATLAB 的强大功能。

MATLAB 内核是 MATLAB 系统的核心内容，包括 MATLAB 语言系统、MATLAB 开发环境、MATLAB 图形系统、MATLAB 数学函数库，以及 MATLAB 应用程序接口等。MATLAB 语言系统从本质上讲是以矩阵的存储和运算为基础的，几乎所有的操作都可以归结为矩阵的运算，同时 MATLAB 语言系统也具有结构化程序设计语言的一切特征。MATLAB 开发环境有基本开发环境与辅助开发环境。其中，基本开发环境包括启动和退出 MATLAB、MATLAB 桌面系统、MATLAB 函数调用系统，以及帮助系统。辅助开发环境包括工作空间、路径和文件管理系统。MATLAB 系统提供了强大的图形操作功能，可以方便地将分析数据可视化，GUI 的推出充分展现了 MATLAB 在图形用户界面处理中的应用。MATLAB 数学函数库涵盖了几乎所有的常用数学函数，这些函数以两种不同的形式存在，一种是内部函数，另一种是 M 函数。MATLAB 的应用程序接口可以让 MATLAB 语言同其他计算机语言（如 C 语言、FORTRAN 语言）进行数据交换，从而大大提高运算速度。

MATLAB 的强大功能很大程度上源于它所包含的众多辅助工具箱。工具箱分为辅助功能性工具箱和专业性工具箱。辅助功能性工具箱主要用来扩充其符号计算功能、可视建模仿真功能及文字处理功能等。而专业性工具箱是由不同领域的专家学者编写的针对性很强的专业性函数库，如数学优化工具箱、金融建模和分析工具箱、控制系统设计和分析工具箱等。正由于这些强大的专业性工具箱，使得 MATLAB 在科学计算的各个领域有着广泛的应用。

MATLAB 系统提供的 Simulink 模块大大地增加了 MATLAB 的功能，使得用户能对真实世界的动力学系统建模、模拟和分析，通过分析用户很容易构建出符合特定要求的模型，并对模型进行分析和模拟。

1.3　MATLAB（R2021a）的特征及运行环境

Math Works MATLAB R2021 的特点：
（1）能够执行各种复杂的和繁重的数学计算；
（2）能够构建用于管理代码、文件和数据的开发环境；

（3）能够探索并实现项目解决的方案；

（4）能够用于线性代数、统计、傅里叶分析、优化、过滤、数值积分等各种数学领域；

（5）能够绘制二维和三维函数图形，实现数据的可视化；

（6）能够实现在 C++、C 或 Java 编程语言下的用户界面设计与构建；

（7）能够测试和测量精确的函数和图表；

（8）能够对通信信号、图像和视频进行处理；

（9）针对特定应用有各种工具箱，例如电信、控制、模糊、估计、统计、数据收集、模拟系统等。

系统要求：

（1）操作系统：

Windows 10；

Windows 7 Service Pack 1；

Windows Server 2016；

Windows Server 2019。

（2）CPU：

最低：任何 Intel 或 AMD x64 处理器；

推荐：任何支持四个逻辑内核和 AVX2 指令集的 Intel 或 AMD x86 – 64 处理器。

（3）磁盘：

最低：仅支持 MATLAB 的磁盘空间为 3.4 GB，典型安装为 5~8 GB；

推荐：一个 SSD 硬盘，完整安装所有 Math Works 产品可能会占用高达 30 GB 的磁盘空间。

（4）内存：

最低：4 GB；

推荐：8 GB。

（5）GPU：

不需要特定的显卡；

推荐使用支持 OpenGL 3.3 和 1GB GPU 显存的硬件加速显卡；

使用 Parallel Computing Toolbox 进行 GPU 加速需要 CUDA GPU；

对于 Polyspace，建议每个内核 4 GB。

注意：自 R2020a 起，支持 Windows Server 2019；自 R2020a 起，不支持 Windows Server 2012 和 Windows Server 2012。

1.4　Desktop（桌面）菜单

当开始使用 MATLAB 时，桌面会出现它的默认布局。

桌面包括如下面板（见图 1 – 1）：

当前文件夹：用于快速访问、修改文件；

命令窗口：用于输入命令，提示符（>>）表示命令开始执行的位置；

工作区：显示自行创建或从文件导入的数据。

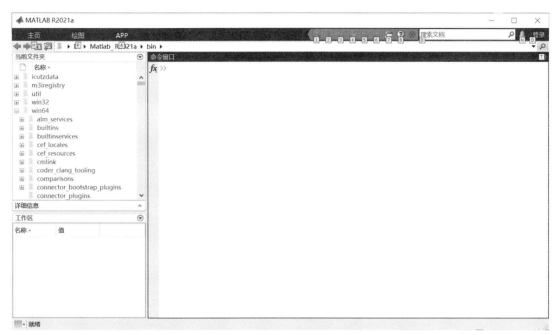

图 1 - 1　**MATLAB 的桌面菜单**

命令窗口是执行和生成数据和变量的工作区，MATLAB 系统提供了一系列常用命令，现将这些命令由表 1 - 1 简要列出。

表 1 - 1　**工作空间常用命令**

MATLAB 命令	功能
clc	清除一页窗口命令，光标回到命令窗口左上角
clear	清除工作空间中的所有变量
clear all	清除工作空间中的所有变量和函数
clf	清除图形窗口的内存
delete < 文件名 >	从磁盘删除指定文件
demo	启动 MATLAB 演示程序
diary name. m	保存工作空间一段文本到文件 name. m
echo	显示文件中 MATLAB 命令
help < 命令名 >	查询命令名的帮助信息
load name	提取文件 "name" 中的所有变量到工作空间中
load name x y	提取文件 "name" 中的所有变量 x、y 到工作空间中
look for name	在帮助信息中查找关键字 name
path	设置或查询 MATLAB 路径

MATLAB 命令	功能
save name	将工作空间的变量保存到文件 name. m 中
save name x y	将工作空间的变量 x、y 保存到文件 name. m 中
type name. m	在工作空间中查看文件 name. m
what	列出当前目录下的 M 文件和 MAT 文件
which < 文件名 >	查找指定文件的路径
who	列出当前工作空间中的变量
whos	列出当前工作空间中的变量及信息

1.5　掌握 MATLAB 工具的学习策略

MATLAB 功能强大，简单易学，非常灵活，涉及的内容非常丰富。要学好 MATLAB，总的来看需要做到以下几点：

（1）多写程序，多调试。如果不动手写程序，不调试，编程水平是不会提高的。遇到问题，多想想，多试试，有时候一个小问题可能要想好久才能解决，写程序容易调试难，等到终于解决问题时，或许会发现在这个过程中学到了很多东西。编程就是在解决问题的过程中不断积累经验，从而将原来不是自己的知识变成自己的知识，以后解决问题的能力就大大提高了。在学习中要对自己有信心、有耐心，有了问题先自己努力想一遍，实在想不出来再请求别人帮助。

（2）学会利用 MATLAB 的帮助工具。任何问题都可以在 MATLAB 的帮助里找到解决方法，大问题可以转换为小问题，小问题转换为函数，函数或许就可以在帮助工具中找到，从而解决问题。MATLAB 里的函数实在太多，要想一下子记住所有的函数是有困难的，有了帮助工具就可以解决问题。

（3）善于学习别人的程序。在解决问题的过程中，有时候发现别人用了更加简便的方法实现了相同的功能，这时就要好好学习别人的编程经验，努力使之成为自己的东西，然后在以后的编程过程中，不断提高编程能力。多读读高手写的程序可以更快地提高编程能力，同时要学会举一反三，学会变通。

（4）要大胆地去试。试过才知道对不对、可不可以，学习是一个从不懂到懂的过程。在不断尝试的过程中可以学到更多的知识，或许还可以从中发现一片新天地呢。

（5）学会利用网络搜索你所需要的 MATLAB 技巧并发现问题。此前，人们都知道"知识就是力量"这句名言，随着信息技术的发展，我们进入了互联网时代，互联网让知识共享，所以，目前"知识已经不再是力量，而知识转化才是力量"。利用互联网，可将MATLAB 的共享知识转化为你所需要的东西。

第 2 章

变量与表达式

像任何其他高级的编程语言一样，要学会使用 MATLAB，首先要认识 MATLAB 所使用的变量以及运算符。所有复杂的表达式，都是由最基本的变量和运算符组成的。本章则先讨论 MATLAB 所用到的运算符，在此基础上再进一步讨论其所使用的变量。

2.1 运算符

MATLAB 中所用到的运算符共有三类：
（1）算术运算符，诸如加减乘除四则运算、开方、立方等。
（2）关系运算符，用来进行数值间的比较，比如大于、小于等。
（3）逻辑运算符，进行逻辑运算，如与（AND）、或（OR）、非（NOT）等。

2.1.1 算术运算符

现将 MATLAB 用到的算术运算符以表格的形式罗列出来，见表 2 - 1，这些运算符既可以直接在命令窗口（Command Window）中输入，也可以在编写 M 文件时使用。

表 2 - 1 MATLAB 用到的算术运算符

运算符	语法	释义
+	plus	相加
+	uplus	正号
−	minus	相减
−	uminus	负号
*	mtimes	矩阵相乘
. *	times	阵列相乘
/	mrdivide	矩阵右除
. /	rdivide	阵列右除
\	mldivide	矩阵左除

运算符	语法	释义
. \	ldivide	阵列左除
^	mpower	矩阵次方
. ^	power	阵列次方

下面通过一系列范例来体会这些运算符的用法。

例 2.1 设 $a=9$，$b=25$，$c=a+b$，求 c 的值。

在命令窗口中输入：

$a=9$ 回车，$b=25$ 回车，$c=a+b$ 回车

在命令窗口中显示：

```
>> a =9
a =
    9
>> b =25
b =
    25
>> c =a +b
c =
    34
```

依加法定律可得，结果 c 即为 a 与 b 的"和"。此处每给 a 或 b 赋值一次，回车键按下之后，命令窗口即显示变量的值，有的时候这样显示会影响阅读，可在表达式末尾加上";"，这样同样可以运算，但结果不会显示出来。

例 2.2 设 $a=9$，$b=25$，求 plus(a,b) 的值。

在命令窗口中输入：

```
>> a =9;
>> b =25;
>> plus(a,b)
```

在命令窗口中显示：

```
ans =
    34
```

这里是使用函数 plus(x,y) 来求 a 与 b 的"和"，函数 plus(x,y) 是 MATLAB 自带的一个函数，其返回的结果即为参数 x 和 y 的"和"。这里的 ans 是 MATLAB 自动生成的一个临时变量，如果在命令窗口输入命令或在编写 M 文件时，编写指令时不指定返回值赋给的变量，则 MATLAB 自动生成一个变量 ans 用于保存该步运算的结果。同时可以看出，此处 a、b 的赋值语句后面都加上了";"，所以按下回车键，命令窗口中并未显示所赋的值。

例 2.3 设 $\boldsymbol{a}=[1,3,5]$，$\boldsymbol{b}=[6,4,2]$，求 $\boldsymbol{a}+\boldsymbol{b}$ 的值。

在命令窗口中输入：

```
>> a = [1,3,5];
>> b = [6,4,2];
>> a + b
```

在命令窗口中显示：

```
ans =
7 7 7
```

可以看出，结果是一个 1×3 维的矩阵，结果的每个元素都是 **a** 和 **b** 的对应元素的"和"，在进行矩阵加减法的时候要求两个矩阵的维数相同。

例 2.4　设 $a = 3$，$b = 4$，求 $a * b$ 的值。

在命令窗口中输入：

```
>> a = 3;
>> b = 4;
>> c = a * b
```

在命令窗口中显示：

```
c =
    12
```

由乘法定律可知，结果即为两者的"积"。

现在你可能注意到这个例子中，我们在等号和乘号两边都留有空格，这样提高了我们输出的可读性，MATLAB 并不要求这些空格，我们也可以输入"c=a*b"计算结果，但是当你的表达式比较复杂时，带上空格就变得非常重要了，所以当我们刚开始接触 MATLAB 时就养成一个好习惯，对我们将来更进一步学习有很大促进作用。

例 2.5　设 **a** = [1 2 3]，**b** = [4 5 6]，求 **a** * **b** 的值。

在命令窗口中输入：

```
>> a = [1 2 3];
>> b = [4 5 6];
>> a * b
```

在命令窗口中显示：

```
Error using  *
Incorrect dimensions for matrix multiplication.Check that the num-
ber of columns in the first matrix matches the number of rows in the sec-
ond matrix.To perform elementwise multiplication, use '.*'.
```

结果报错。由于"*"表示矩阵相乘，那么相乘的两个矩阵必须满足前一个矩阵的列数等于后一个矩阵的行数的原则，此处 **a** 与 **b** 都是 1×3 的矩阵，显然不满足该条件，所以结果报错。另外，本例中矩阵赋值语句与例 2.3 有所区别，例 2.3 中每两个元素之间都以","隔开，而本例中以空格代替","，这两种做法是等效的。

例 2.6　设 **a** = [1 2 3]，**b** = [4 5 6]'，求 **a** * **b** 的值。

在命令窗口中输入：

```
>> a = [1 2 3];
>> b = [4 5 6]';
>> a * b
```

在命令窗口中显示：

```
ans =
    32
```

符号"'"表示矩阵的转置，加上这一符号之后，矩阵 a 和 b 即满足矩阵相乘的条件，结果如上所示是对应元素乘积的代数和。

例 2.7 设 $a = [1\ 2\ 3]$，$b = [4\ 5\ 6]$，求 $a.*b$ 的值。

在命令窗口中输入：

```
>> a = [1 2 3];
>> b = [4 5 6];
>> a.* b
```

在命令窗口中显示：

```
ans =
    4  10  18
```

可以看出，阵列相乘"$.*$"的结果是两矩阵对应元素分别相乘，因此要求两个矩阵维数必须相同，a 与 b 阵列相乘的结果仍然是一个 1×3 维的矩阵。

右除"/"的运算与常见的除法"/"相同，这里不赘述，下面讨论左除"\"的使用。

例 2.8 设 $a = 9$，$b = 3$，求 $a \backslash b$ 的值。

在命令窗口中输入：

```
>> a = 9;
>> b = 3;
>> a\b
```

在命令窗口中显示：

```
ans =
    0.3333
```

由此可见，左除即表达式中"\"的右侧是被除数，左侧是除数。

此处 MATLAB 的结果保留小数点以下 4 位数字，若想保留更多位数，可以在命令窗口中使用指令"format long"，如：

```
>>format long
>>a\b
```

在命令窗口中显示：

```
ans =
    0.333333333333333
```

例 2.9 设 $a = [1\ 2\ 3]$，$b = [3\ 6\ 9]$，求 a/b 的值。

在命令窗口中输入：

```
>> a = [1 2 3];
>> b = [3 6 9];
>> a /b
```

在命令窗口中显示：

```
ans =
    0.3333
```

例 2. 10　设 $a = [1\ 2\ 3]$，$b = [3\ 6\ 9]$，求 $a.\backslash b$ 的值。

在命令窗口中输入：

```
>> a = [1 2 3];
>> b = [3 6 9];
>> a.\b
```

在命令窗口中显示：

```
ans =
     3     3     3
```

阵列左除与阵列相乘类似，同样要求两矩阵维数相同，对应位上的元素分别左除，a 与 b 运算的结果也是 1×3 维的矩阵。

2.1.2　关系运算符

表 2 - 2 列出了 MATLAB 用到的关系运算符。

表 2 - 2　**MATLAB 使用的关系运算符**

运算符	语法	释义
>	gt	大于
=	eq	等于
<	lt	小于
> =	ge	大于或等于
< =	le	小于或等于
~ =	ne	不等于

下面以一个例子加以说明其用法。

例 2. 11　设 $a = [1, -1, -3; 2, 3, 5; 2, -2, -4]$，设计一个程序将 a 中小于 0 的元素所处的位置找出来。

此例我们用 M 文件来实现，M 文件的具体创建方法将在后续章节中介绍。

M 文件命名为 ex020111，内容如下：

```
%找出小于0的数的位置
a = [1,-1,-3;2,3,5;2,-2,-4]
b = find(a<0)
```

在命令窗口中输入：

```
>> ex020111
```

在命令窗口中显示：

```
a =
     1    -1    -3
     2     3     5
     2    -2    -4
```

```
b =
    4
    6
    7
    9
```

M 文件中的"%"是注释标识符，表示该行往后的语句都是注释。矩阵 *a* 的赋值语句中，";"表示换行。"find（条件表达式）"是 MATLAB 自带的一个函数，作用是找出符合条件的元素在所搜索的矩阵中的位置。在命令窗口中调用 M 文件的方法是直接输入文件名，或者在当前文件夹窗口中右击文件，再单击"Run"图标。由结果可知，MATLAB 中的元素编号是以"列"为顺序的，即由上到下、由左到右的顺序，而 *b* 的值表示小于 0 的元素的位置的值，此处小于 0 的值为 –1，–2，–3，–4，而它们所对应的元素位置的值为 4，6，7，9，即为 *b* 的值。

2.1.3 逻辑运算符

MATLAB 所用到的逻辑运算符和关系函数见表 2 – 3。

表 2 – 3 MATLAB 用到的逻辑运算符和关系函数

运算符	语法	释义
&	and	逻辑与
|	or	逻辑或
~	not	逻辑非
||	any	只要有一个元素不为 0 即为真
&&	all	必须所有的元素都不为 0 才为真

下面举一个例子加以说明。

例 2.12 设 *a* = [1 0 1 0]，*b* = [1 1 0 1]，求 *a* 和 *b* 逻辑与的值。

此例我们仍然使用 M 文件实现。

M 文件命名为 ex020112，内容如下：

```
%求 a 和 b 的逻辑与
a = [1 0 1 0]
b = [1 1 0 1]
and(a,b)
```

在命令窗口中输入：

```
>> ex020112
```

在命令窗口中显示：

```
a =
    1    0    1    0
b =
    1    1    0    1
```

```
ans =
  1 × 4 logical array
  1    0    0    0
```

此处 and(x,y) 仍然是 MATLAB 的自带函数，用于求两数的逻辑与，也可以使用语句 a&b，达到同样的效果，但都要求两个参量的维数相同。由结果可以看出，只有两个矩阵对应位上的数同时为 1，结果才为 1，否则结果为 0。

2.2　变量的基本规定与运算

MATLAB 有一个很大的优点，就是它能进行各种变量之间的运算，这其中包括实数、虚数以及复变量的运算。本节我们将先对 MATLAB 使用到的变量做一定的讨论，然后就这些变量的基本规定与运算做一定的介绍。

2.2.1　标量与矢量

我们知道，物理上将自然界中所用到的各种物理量规定为标量和矢量。

所谓标量，是指只有大小，而没有方向的量，标量之间的运算是简单的代数运算。比如今天的气温是 15 ℃，小明有 5 个苹果等，这里的 15 和 5 只表示大小，没有方向的意义，因此都是标量。而明天气温上升 5 ℃ 和小明吃掉 1 个苹果则只要分别用 15 加上 5 和 5 减去 1 即可得到后来的温度和苹果数，均是简单的代数运算。

所谓矢量，就是指既有大小，又有方向的量。比如流星以每小时 60 万千米的速度撞向地球，则对于流星的速度，我们不仅要考虑到它的大小，同时也要关注它的方向。矢量的计算再也不是简单的代数相加减，例如，一个人先向东走了 500 m，然后向南走了 200 m，在求这个人距离起点多远时就不可以简单地用 500 加上 200，因为矢量是要考虑方向的。

在 MATLAB 中，阵列计算和矩阵计算是全然不同的。阵列是一连串具有逻辑相关的标量的组合，有行或者列的性质，或者同时具有行和列的性质，但其中的每个元素都是标量。而矩阵则是向量的一种延伸，即矩阵中元素之间不是标量的组合，而是向量的组合。

矩阵和阵列的计算的差异可以参照例 2.6（矩阵相乘）和例 2.7（阵列相乘）。有关计算本书会在后续章节中详细讨论。

2.2.2　复变量与虚数

在日常生活中，我们涉及的大多是实数领域，而在工程运用上，实数域是不够用的，例如在电学领域，只使用实数会使计算非常困难，因此我们引入了复数。

复数的定义是：

$$z = a + bi$$

其中 z 为复数，a 和 b 都是实数，a 为复数的实数部分（简称"实部"），b 为复数的虚数部分（简称"虚部"），i 为虚数符号，且规定 $i^2 = -1$。可以看出，实数和虚数都只是复数的特例，这两者合成，才能构成完整的数值系统，即复数系统。于是，我们现在可以在复数域中找到负数的平方根了。

2.2.3 变量的基本规定与运算

MATLAB 可以轻而易举地进行实数、虚数和复数的运算，下面我们讨论一下这些变量的基本规定与运算规则。

（1）变量的名称可以由英文字母、数字或符号组成，不可以使用中文，且第一个字母必须是英文，符号中也只可以使用下划线"_"。但是在 MATLAB Editor/Debugger 中所编写的程式，可以使用中文进行存档。MATLAB 对字母大小写有严格区分，例如 A 和 a 分别表示不同的变量。变量名称可以任意长，但是 MATLAB 只鉴别前 19 个字符。在定义变量名时，应采用具有意义的名称以便于阅读。

（2）矩阵的表示。

一维矩阵可表示为：

$a = [1\ 2\ 3]$，或者 $a = [1,2,3]$

则在命令窗口中显示：

```
a =
    1    2    3
```

三维矩阵可表示为：

$a = [1\ 2\ 3;4\ 5\ 6;7\ 8\ 9]$，或者 $a = [1,2,3;4,5,6;7,8,9]$

显示如下：

```
a =
    1    2    3
    4    5    6
    7    8    9
```

若在三维矩阵上加一个转置符号"'"即输入"a'"，则显示为：

```
ans =
    1    4    7
    2    5    8
    3    6    9
```

由此可以总结：矩阵表示中，每一行各元素之间可以用空格或","分隔，而行与行之间则以";"相隔。

（3）凡是以"i"或"j"结尾的变量都视为虚数变量。

例如，在命令窗口中输入：

```
z = 3 + 4i
```

则显示如下：

```
z =
    3.0000 + 4.0000i
```

如前所述，此处 MATLAB 保留小数点以下的 4 位数字，也可使用语句"format long"保留更多位数。需要注意的是，复数的后部即"bi"表示的是"b∗i"，输入时省略了乘号"∗"，而只有在表示虚数的时候我们能够省略乘号，在别的时候若将其省略则会报错，例如"5a"就是错误的表示方法。i 或 j 也可以表示变量名，例如"i = 50"，这时候应把它看成一个变量，而不再是虚数符号了。

下面我们将通过一系列范例来体会 MATLAB 中各种变量的用法。

例 2.13 设 $a = 3 + 4i$，$b = 5 + 6i$，求 $c = a + b$ 等于多少？

在命令窗口中输入：

```
>> a = 3 + 4i;
>> b = 5 + 6i;
>> c = a + b
```

在命令窗口中显示：

```
c =
    8.0000 +10.0000i
```

由此可见，复数的相加就是将实部与虚部分别相加，其结果仍然是一个复数。

例 2.14 设 $a = 3 + 4j$，$b = 5 + 6j$，求 $c = a * b$ 等于多少？

在命令窗口中输入：

```
>> a = 3 + 4j;
>> b = 5 + 6j;
>> c = a * b
```

在命令窗口中显示：

```
c =
   -9.0000 +38.0000i
```

首先要注意，这里的 a 和 b 中都以"j"代替了"i"，这是因为在电学中，"i"代表的是电流，为了加以区别，虚数符号用"j"来表示，其性质和"i"一样，由此可见 MATLAB 人性化的一面。从结果可以看出，复数相乘，类似于因式分解，即两复数的实部、虚部乘以 i 或 j 分别看成一个因数，但要注意"i^2"或"j^2"需要用"-1"代替。

例 2.15 求 $A = [3\ 4;5\ 6] + i * [1\ 2;7\ 8]$ 等于多少？

在命令窗口中输入：

```
>> A = [3 4;5 6] + i * [1 2;7 8]
```

在命令窗口中显示：

```
A =
    3.0000 + 1.0000i  4.0000 + 2.0000i
    5.0000 + 7.0000i  6.0000 + 8.0000i
```

对于这个例子，可以看出，结果中每个元素的实部都是左边矩阵的对应部分，每个元素的虚部都是右边矩阵的对应部分。很多人误解为 A 应该看成一个实数矩阵和一个虚数矩阵相加，其实这是不准确的。

例 2.16 设 $A = [3\ 4;5\ 6] + i * [1\ 2;7\ 8]$，求 $A + 10$ 等于多少？

在命令窗口中输入：

```
>> A = [3 4;5 6] + i * [1 2;7 8];
>> A + 10
```

在命令窗口中显示：

```
ans =
   13.0000 + 1.0000i  14.0000 + 2.0000i
   15.0000 + 7.0000i  16.0000 + 8.0000i
```

我们知道，矩阵加上一个数，等于矩阵的每一个元素都加上这个数。在本例中，矩阵的每个元素都加上了 10，而复数运算实部和虚部应该分别对待，由结果可知，实部都加上了 10，而虚部不变。

2.2.4　数值表示语法整理

这里需要注意以下几个问题：

（1）表示虚数时，字母 i 和 j 不可以使用大写 I 和 J，否则将会出现下列错误信息：

Unrecognized function or variable'I'.

（2）描述复数时不可以写成 $a = 3 + j4$ 的形式，因为 j4 将会被看作另一个变量，会出现以下错误信息：

Unrecognized function or variable'j4'.

（3）可以用变量 $A = [\ ]$ 来表示一个空矩阵。

（4）设 $A = [2\ 3\ 4;6\ 7\ 8;0\ 1\ 2]$，则可以通过下列方式取出 A 中的元素：

A(1,2) = 3

A(3,3) = 2

括号中左边的数表示元素所在的行标，右边的数表示元素所在的列标，即矩阵 A 的第 1 行第 2 列的元素是 3，第 3 行第 3 列的元素是 2。

（5）变量小数点后保留的位数可以用 format 指令来调整。

※MATLAB 与航天工程

例 2.17　一架火箭从地面竖直发射，其加速度为 20 m/s^2，忽略空气阻力及质量变化，则 40 s 后其速度为多少？经过多少秒到达 4 000 m 高度？

由速度公式得：

$$v = at = 800 \quad (\text{m/s})$$

运行程序：

```
>> a = 20;t = 40;
v = a*t
```

运行结果：

```
v =
    800
```

由距离公式

$$h = \frac{1}{2}at^2$$

变形得：

$$t = \sqrt{\frac{2h}{a}} = 20 \quad (\text{s})$$

运行程序：

```
>> t1 = (4000*2/a)^(0.5)
```

运行结果：

```
t1 =
    20
```

＊或直接使用"syms"和"solve"函数。

运行程序：

```
>> syms t2    %定义变量
t2 = solve(4000 = =0.5 * a * t2^2,t2 >0)    %解方程
```

运行结果：

```
t2 =
    20
```

本章小结

本章主要介绍了 MATLAB 所使用的运算符和变量，本章属于 MATLAB 学习的基础内容，还希望读者能够熟练掌握。学习完本章后读者应达到以下目标：

（1）了解并熟练使用几种常用的算术运算符和关系运算符。

（2）掌握变量的基本运算。

为了方便读者，现在将数值表示的方法罗列在表格 2 – 4 中，便于查阅。

表 2 – 4　MATLAB 的数值表示方法

表示	解释
$a = 5$	整数
$a = 3.14$	实数
$a = 3 + 4i$ 或 $a = 3 + 4j$	复数
$a = 5i$ 或 $a = 5j$	虚数
$a = [3\ 4]$	向量
$a = [1\ 2;\ 3\ 4]$	2 维方阵
$a = [1\ 2\ 3;4\ 5\ 6;7\ 8\ 9]$	3 维方阵

习　　题

1. 设 $A = [2\ 3\ 4;1\ 5\ 6;9\ 8\ 7]$，$B = [3\ 2\ 1;6\ 5\ 4;7\ 8\ 3]$，分别求下列表达式的值：
$A + B$，$A - B$，$A * B$，$A. * B$，A/B，$A. /B$，A^2。

2. 设 $A = 3 + 4j$，$B = 5 + 6j$，分别求下列表达式的值：
$A + B$，$A - B$，$A * B$，$A. * B$，A/B，$A. /B$，A^2。

3. 在命令窗口中输入下列表达式，查看结果，思考为什么。

$A = [3\ 4;5\ 6] + i*[1\ 2;7\ 8]$

$A = [3\ 4;5\ 6]*i + [1\ 2;7\ 8]$

$A = [3\ 4;5\ 6] + [1\ 2;7\ 8].*i$

$A = [3\ 4;5\ 6] + [1\ 2;7\ 8]*i$

第3章

矩阵的特性与基本运算

从本章开始，将进入 MATLAB 的矩阵运算编程的学习与实践，为了方便自学，本章引用大量的实例，帮助读者更好地理解 MATLAB 的各种矩阵运算函数。

"MATLAB"是"Matrix Laboratory"的简称，一般将其翻译为"矩阵实验室"，顾名思义，"MATLAB"从字面上看就是一个虚拟的矩阵信息处理的实验室。实际上，MATLAB 所处理的数据是以矩阵的形态构成的，也就是说，矩阵是"MATLAB"的基本数据单位，并且MATLAB 最基本的功能就是进行矩阵运算或矩阵分析，所以学好本章内容是掌握好 MATLAB 软件应用的前提。

3.1 MATLAB 与矩阵运行的关系

MATLAB 平台是一个具有非常完整的矩阵分析及其相关运算的指令集的工具，特别是在如下领域：

- 矩阵分析；
- 控制系统；
- 信号处理；
- 影像处理；
- 神经网络；
- 系统仿真；
- 任务优化；
- 金融财务；
- 人机界面。

MATLAB 针对这九大领域，以工具箱的形式展示给用户，且每个工具箱都包含着该领域最新的研究成果，所以，MATLAB 不单单是一款非常强大的矩阵运算工具软件，更是一款能够紧密结合应用领域进行设计与分析的辅助设备，所以它为用户，尤其是众多科学工作者带来极大的便利。

本章从基础的矩阵运算开始，逐步引领读者学习和掌握 MATLAB 编程过程和技巧。

3.2 矩阵的基本概念

首先，重新温习一下矩阵的概念：

定义：由 $m \times n$ 个数 $a_{ij}(i = 1, \cdots, m; j = 1, \cdots, n)$ 排成的 m 行、n 列的数表称为一个 $m \times n$ 矩阵，常用字母 A、B、C、$\cdots$ 表示，或记作 $(a_{ij})_{m \times n}$。

$$A = \begin{bmatrix} a_{11} & a_{12} & \cdots & a_{1n} \\ a_{21} & a_{22} & \cdots & a_{2n} \\ \vdots & \vdots & & \vdots \\ a_{m1} & a_{m2} & \cdots & a_{mn} \end{bmatrix}$$

其中，组成矩阵的每一个数称为矩阵的元素，位于第 i 行、第 j 列交点处的元素称为矩阵的 $(i \times j)$ 元。若一个矩阵的行数等于列数，即 $m = n$，则称这个矩阵为 n 阶矩阵或 n 阶方阵。

特别地，一个 $m \times 1$ 矩阵 $A = \begin{bmatrix} a_1 \\ a_2 \\ \vdots \\ a_m \end{bmatrix}$，也称为一个 m 维列向量，而一个 $(1 \times n)$ 矩阵 $A = [a_1 \ a_2 \ \cdots \ a_n]$，称为一个 n 维行向量。元素全为零的矩阵则为零矩阵。

从定义中可知这些数只有在排成数表的情形下，才可以称为矩阵；也就是说，在每一行（或列）的数值前后（或上下）彼此之间必然有着某种极为紧密的关系存在。所以，一堆杂乱无章的数字，即便是成横纵式排列，也不能称为矩阵。

在工程科学领域，人们所要处理的数据，绝大部分具有矢量性，所以 MATLAB 的矩阵运算功能极大地显现出了其在工程运用中的广适性，可想本章是非常重要的。

3.3 矩阵的操作

3.3.1 矩阵的生成

应用 MATLAB 工具软件，生成矩阵的方式有多种，下面依次介绍几种常见的方法。

1. 在命令窗口中直接列出

一些规模较小的矩阵，可以按照一定的要求直接输入。输入时，矩阵主体用方括号括起，元素间用空格或逗号（,）分隔，行与行之间用分号（;）分隔。

格式：

X = [x11 x12 ⋯ x1n 回车……回车 xm1 xm2 ⋯ xmn] 回车

另外，矩阵中的元素也可以是变量表达式，如例 3.1 所示。

例 3.1 通过变量式表达矩阵。

在命令窗口中输入：

a = 1,b = 2,c = 3; M = [a,b,c;a + b,b + c,c + a;a * b,b * c,c * a]

在命令窗口中显示：

```
>> a = 1,b = 2,c = 3; M = [a,b,c;a + b,b + c,c + a;a * b,b * c,c * a]
a =
    1
```

```
b =
    2
M =
    1    2    3
    3    5    4
    2    6    3
```

注意：

（1）在一行的语句中可以使用逗号、分号，或者在一行的最后使用回车键，但是在命令窗口中显示的结果是不同的。

（2）按下回车后，同一行无法继续输入语句，随即显示以逗号和回车结尾的分句结果，而不显示以分号结尾的分句结果。

（3）若语句太长，可以在一行的最后用"..."来连接下一行的语句。

2. 利用函数直接产生特殊性质的矩阵

除了上述直接输入的方法，还可以利用一些特殊的函数直接产生一些具有特殊性质的矩阵。

表 3 - 1 给出了一些创建常用特殊矩阵的函数及其所对应含义解释。

表 3 - 1　MATLAB 中创建常用特殊矩阵的函数

函数	含义	函数	含义
[ ]	生成空矩阵	zeros	生成零矩阵
ones	生成全 1 矩阵	eye	生成单位矩阵
diag	生成对角矩阵	tril	抽取某矩阵的下三角
meshgrid	生成网格	triu	抽取某矩阵的上三角
magic	生成魔方矩阵	pascal	生成 Pascal 矩阵
rand	生成 0 ~ 1 之间的随机分布矩阵	randn	生成零均值单位方差正态分布随机矩阵
sparse	生成稀疏矩阵	full	还原稀疏矩阵为完全矩阵
company	生成伴随矩阵		

下面详细地介绍这些函数的用法。

（1）空矩阵。

格式：

```
A = [ ]          %生成一个行数和列数都为零的矩阵
```

（2）零矩阵与全 1 矩阵。

格式：

```
B = zeros(n)                    %生成 n×n 的零矩阵
B = zeros(m,n)                  %生成 m×n 的零矩阵
B = zeros([m n])               %生成 m×n 的零矩阵
B = zeros(d1,d2,d3,…)          %生成 d1×d2×d3×…的零矩阵
```

```
B = zeros([d1 d2 d3…])              %生成 d1×d2×d3×…的零矩阵
B = zeros(size(A))                  %生成与矩阵 A 相同规模的零矩阵
```

生成全 1 矩阵与生成零矩阵的语句格式是相同的，只需将对应的函数名"zeros"换成"ones"。

（3）单位矩阵。

格式：

```
B = eye(n)                          %生成 n×n 的单位矩阵
B = eye(m,n)                        %生成 m×n 的单位矩阵
B = eye([m n])                      %生成 m×n 的单位矩阵
B = eye(size(A))                    %生成与矩阵 A 相同规模的单位矩阵
```

注：需要注意的是单位矩阵不存在多维的情况，所以当输入如 E = eye(m,n,s…)时，MATLAB 将报错。

（4）对角矩阵。

格式：

```
M = diag(v)                         %表示以向量 v 作为其主对角线元素,其余为零
v = diag(A)                         %表示抽取 A 矩阵的主对角线元素构成列向量
M = diag(v,k)                       %以向量 v 的元素作为矩阵的第 k 条对角线元素
N = diag(M,k)                       %表示抽取矩阵 M 第 k 条对角线元素构成向量
```

注：其中 k 带有符号，其正或负号分别代表该对角线在主对角线的上或下位置。

（5）三角矩阵。

格式：

```
T = tril(M)                         %表示抽取矩阵 M 中主对角线的下三角部分构成矩阵
T = tril(M,k)                       %表示抽取矩阵 M 中第 k 条对角线的下三角部分
T = triu(M)                         %表示抽取矩阵 M 中主对角线的上三角部分构成矩阵
T = triu(M,k)                       %表示抽取矩阵 M 中第 k 条对角线的上三角部分
```

（6）魔方矩阵。

魔方矩阵是一类比较有趣的矩阵。通常定义的 n 阶魔方矩阵是由自然数 1 到 n^2 排列而成的，且满足条件：

在魔方矩阵中每行、每列及两条主对角线上的 n 个数的和都等于 $\dfrac{n(n^2+1)}{2}$。

魔方矩阵的条件虽多，但用 MATLAB 来创建魔方矩阵则可谓信手拈来。

格式：

```
M = magic(k)    %创建一个 k 阶魔方矩阵
```

注：其中 $k \geqslant 3$，否则输出的矩阵不满足魔方矩阵定义。magic(k) 中的 k 值虽然可以取 1 和 2，但是明显不能算作魔方矩阵，请读者注意这一点。

（7）帕斯卡（Pascal）矩阵。

帕斯卡（Pascal）矩阵就是由杨辉三角形表组成的方阵。

杨辉三角形表是数学上的概念，是由在二次项 $(x+y)^n$ 展开式中依升幂取得的系数所组成的一个数表。

帕斯卡矩阵是对称且正定的，其逆矩阵的所有元素都为整数。

格式：

```
M = pascal(n)        %表示生成一个 n 阶帕斯卡矩阵
```

（8）随机矩阵。

格式：

```
R = rand                        %生成一个随机一阶矩阵,即一个随机数
R = rand(n)                     %生成一个 n 阶随机矩阵
R = rand(m,n)                   %生成一个 m×n 随机矩阵
R = rand([m,n])                 %生成一个 m×n 随机矩阵
R = rand(size(M))               %生成一个与矩阵 M 维度相同的随机矩阵
R = randn(n)                    %生成 n×n 正态分布随机矩阵
R = randn(m,n)                  %生成 m×n 正态分布随机矩阵
R = randn([m,n])                %生成 m×n 正态分布随机矩阵
R = randn(size(M))              %生成与 M 维度相同的正态分布随机矩阵
```

（9）稀疏矩阵。

格式：

```
S = sparse(F)                   %将完全矩阵转化为稀疏矩阵的排布
S = sparse(m,n)                 %生成 m×n 全零稀疏矩阵
S = sparse(i,j,s,m,n)           %生成(i,j)对应元素为 s 的 m×n 稀疏矩阵
S = sparse(i,j,s)               %生成由 i、j、s 向量定义的稀疏矩阵,指定 m =
                                  max(i),n = max (j)
S = sparse(i,j,s,m,n,num)       %同上的基础上必须含有 num(大于 i 和 j 的长
                                  度)个非零元素
F = full(s)                     %将稀疏矩阵转化为完全矩阵
```

在 sparse(i,j,s,m,n) 命令中 m 和 n 的缺省值分别为 $\max(i_n)$ 和 $\max(j_n)$，所以在设定 m 与 n 时，一定不能小于其缺省值，即不能小于 $\max(i_n)$ 和 $\max(j_n)$，否则 MATLAB 将报错。

（10）伴随矩阵。

格式：

```
A = company(M)        %生成矩阵 M 的伴随矩阵
```

3. 通过 MATLAB 中的 M 文件产生

对于一些规模较大的矩阵，我们还可以通过编辑 MATLAB 自带的 M 文件来存写我们需要的矩阵数据。关于 M 文件的知识，我们将在第 4 章做详细介绍。

例 3.2　通过 M 文件创建矩阵。

建立文件名为 eg3. m 的文件，其中包括正文如下：

```
A = [1 2 3;4 5 6;7 8 9];
B = [1:10;10: -1:1];
```

如图 3 - 1 所示。

调用步骤：

在命令窗口中输入 M 文件名，M 文件中的矩阵便自动保存至工作空间中了，如图 3 - 2 所示。

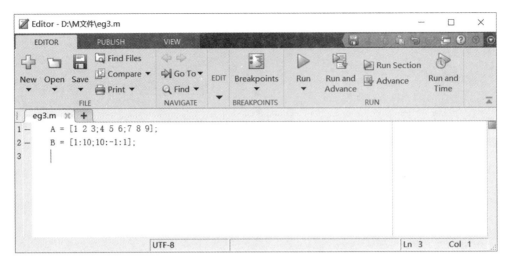

图 3 – 1 在 M 文件中创建矩阵数据

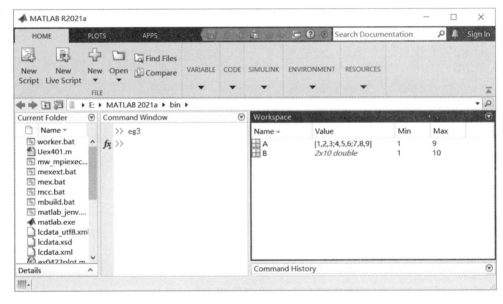

图 3 – 2 在命令窗口中调用 M 文件

然后就可以在命令窗口中自由使用这些矩阵数据了，如图 3 – 3 所示。

用这种方法，既有利于矩阵数据的输入与修改，还可以避免对命令窗口产生视觉干扰。

4. 通过调用外部文件产生

MATLAB 中的矩阵数据还可以通过编辑文本文件创建。

先建立一个后缀为 txt 的文本文件，再在命令窗口中用 load 函数调用该 txt 文件便可。

例 3.3 通过文本文件创建矩阵。

过程如下：

创建相关 txt 文件，如图 3 – 4 所示。

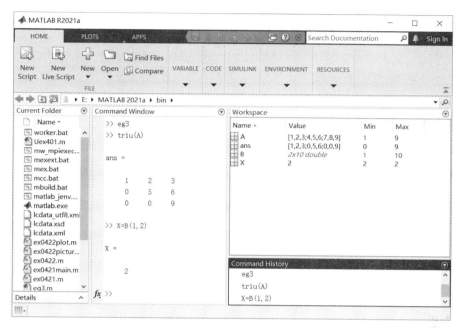

图 3-3　M 文件中的矩阵数据使用

图 3-4　在文本文件编辑矩阵数据

接着通过 load 函数进行调用，如图 3-5 所示。

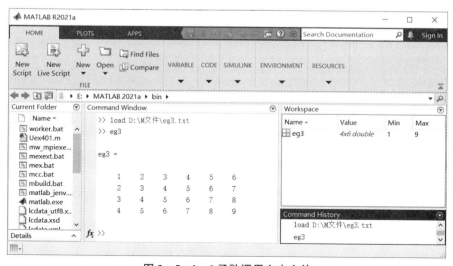

图 3-5　load 函数调用文本文件

注：load 后面不仅仅是单纯的文件名，还包括其打开的完整路径名。

同样地，从矩阵的定义中可以知道，矩阵总是以数表形式存储数据的，由此我们还可以通过 Excel 或 Dat 文件生成我们想要的矩阵。

3.3.2　矩阵的基本操作

1. 元素操作

（1）元素扩充。

格式：

```
M = [A0;A1 A2]
```
　　%矩阵 A0 经加入 A1、A2 扩充后存入矩阵 M 中,其中 A0 的列数等于 A1 加上 A2 的列数

（2）元素删除。

格式：

```
M(:,n) = []
```
　　%表示删除矩阵 M 的第 n 列元素

```
M(m,:) = []
```
　　%表示删除矩阵 M 的第 m 行元素

（3）元素修改。

格式：

```
M(m,n) = a
```
　　%表示将 M 矩阵中的第 m 行第 n 列元素改为 a

```
M(m,:) = [a b …]
```
　　%表示将 M 矩阵中第 m 行元素替换为 [a b …]

```
M(:,n) = [a b …]
```
　　%表示将 M 矩阵中第 n 列元素替换为 $\begin{bmatrix} a \\ b \\ \vdots \end{bmatrix}$

2. 数据变换

（1）元素取整。

格式：

```
floor(M)
```
　　%所有元素向下取整

```
ceil(M)
```
　　%所有元素向上取整

```
round(M)
```
　　%所有元素四舍五入取整

```
fix(M)
```
　　%所有元素按相对零就近的原则取整

（2）有理数形式变换。

格式：

```
[n,d] = rat(M)
```
　　%将矩阵 M 表示为两个整数矩阵的点除,即 M = n./d

（3）元素取余数。

格式：

```
R = rem(M,x)
```
　　%表示各元素对模 x 取余

当取模为 0 时，默认取余皆为 NaN，即为不确定之意。

3. 结构变换

（1）翻转。

格式：

```
fliplr(M)                %矩阵左右翻转
flipud(M)                %矩阵上下翻转
flipdim(M,dim)           %按指定的维数翻转,特别地,dim = 1 时为上下翻转,dim = 2
                           时为左右翻转
rot90(M)                 %逆时针旋转90°
rot90(M,k)               %逆时针旋转 k×90°,其中 k = ±1,±2,…
```

（2）平铺。

格式：

```
%矩阵由 m×n 块 M 矩阵平铺而成
repmat(M,m,n)
repmat(M,[m,n])
% 矩阵由 m×n×p×…块 M 矩阵平铺而成
repmat(M,[m n p …])
repmat(M,[m,n,p,…])
```

（3）变维。

格式：

```
%表示将 B 的元素依次填入 A 的对应位置中,A 与 B 的元素个数必须相同
A(:) = B(:)
%reshape 函数法,使矩阵 M 的元素维数等于 m×n
reshape(M,m,n)
reshape(M,[m,n])
%使矩阵 M 的元素维数等于 m×n×p×…
reshape(M,m,n,p,…)
reshape(M,[m,n,p,…])
```

例 3.4　矩阵元素的结构变换。

```
>> A = magic(3) , B = pascal(3) , C = [1 2 3 4 5 6 7 8 9]    %创建待变换矩阵
A =
    8    1    6
    3    5    7
    4    9    2
B =
    1    1    1
    1    2    3
    1    3    6
C =
    1    2    3    4    5    6    7    8    9
>> fliplr(A) , D = flipud(A)         %左右翻转,上下翻转
ans =
    6    1    8
    7    5    3
    2    9    4
D =
```

```
          4    9    2
          3    5    7
          8    1    6
>> repmat(B,2,3)              %将矩阵 B 以 2 × 3 的格式平铺
ans =
     1    1    1    1    1    1    1    1    1
     1    2    3    1    2    3    1    2    3
     1    3    6    1    3    6    1    3    6
     1    1    1    1    1    1    1    1    1
     1    2    3    1    2    3    1    2    3
     1    3    6    1    3    6    1    3    6
>> E = repmat(B,2,1)          %构成矩阵 E,E 由矩阵 B 按 2 × 1 格式平铺所得
E =
     1    1    1
     1    2    3
     1    3    6
     1    1    1
     1    2    3
     1    3    6
>> B(:) = C(:)               %将 C 中数据按 B 的格式排布,注意排布的行列顺序
B =
     1    4    7
     2    5    8
     3    6    9
>> reshape(A,1,9)            %将矩阵 A 按 1 × 9 的格式排布
ans =
     8    3    4    1    5    9    6    7    2
```

3.3.3 矩阵的引用

本章开始部分提到, 矩阵是一种数据存在形式, 所以, 当我们建立好相关矩阵数据的同时, 也标志着关于矩阵的引用语句也可以为我们所用了。

下面列出了矩阵数据引用的一般语句:

```
Matrixname(m)                %引用矩阵的第 m 个元素
Matrixname(i,j)              %引用矩阵的第 i 行第 j 列元素
Matrixname(i,:)             %引用矩阵的第 i 行所有元素
Matrixname(:,j)             %引用矩阵的第 j 列所有元素
Matrixname(i,j1:j2)         %引用矩阵第 i 行中 j1 至 j2 列的元素
Matrixname(i1:i2,j)         %引用矩阵第 j 列中 i1 至 i2 行的元素
Matrixname(i,[j1 j2])       %引用矩阵第 i 行中 j1 和 j2 列的元素
Matrixname([i1 i2],j)       %引用矩阵第 j 列中 i1 和 i2 行的元素
```

3.4　矩阵的运算

3.4.1　数组运算与矩阵运算的区别

考虑矩阵的运算，则不得不提数组的运算。一个 $1 \times n$（或 $n \times 1$）矩阵（即向量）与一维数组在实际意义中一个很明显的区别便是方向性，由此各自运算的方式、方法和意义都有着鲜明的区别。放到 n 维中来看，同样如此。

表 3-2 列出了一些适用于数组和矩阵的运算符及其对应含义。

表 3-2　数组运算符与矩阵运算符

含义	数组运算符	矩阵运算符
加/减法	+ / −	+ / −
乘法	. *	*
次方	. ^	^
右除	. \	\
左除	. /	/
转置	. '	'

一般地，数组所强调的是元素与元素的代数运算，而矩阵采取的则更多体现线性运算的特性，在符号方面的表现就是，数组运算为点运算，而矩阵默认一般运算是线性运算，矩阵运算符前加点才会使之成为元素与元素间的运算。也就是说，在 MATLAB 中，数组与矩阵的主要差异体现在运算符上，在表达形式上则有高度的一致性。

与矩阵的生成方式一样，数组可以直接输入，也可通过一定的函数生成。

其格式为：

```
X = [x0 x1 x2…]                  %直接输入数组 X 的值 x0、x1、x2…
X = first:increment:last         %增量法创建数组
X = linspace(first,last,num)     %首尾定数法创建数组
X = logspace(first,last,num)     %十倍频首尾定数法创建数组
```

下面给出数组运算的实例。

例 3.5　数组点运算的演示。

```
>> A = [1 2 4], B = 1:2:4, C = linspace(1,2,4), D = logspace(1,2,4)
A =
    1     2     4
B =
    1     3
C =
    1.0000    1.3333    1.6667    2.0000
D =
```

```
    10.0000  21.5443  46.4159  100.0000
>> S1 = A.* A,S2 = A./A,...
S3 = A.\A,S4 = A.^2,S5 = A.'              %数组的基本运算
S1 =
     1     4    16
S2 =
     1     1     1
S3 =
     1     1     1
S4 =
     1     4    16
S5 =
     1
     2
     4
```

注：

（1）关于左除与右除可能会混淆的问题，这里请大家牢记，只要是除法符号（斜杠），在下方的就是除数，上方的就是被除数，像分式除法一样。

（2）数组运算勿忘加点。

3.4.2 矩阵的基本运算

下面介绍矩阵的一些基本运算。

1. 加减运算

格式：

```
C = A + B            %矩阵 C 为矩阵 A 与矩阵 B 的和,其中 A 与 B 的维度相同
D = A − B            %矩阵 D 为矩阵 A 与矩阵 B 的差,其中 A 与 B 的维度相同
```

2. 乘法运算

（1）矩阵间相乘。

格式：

```
M = A * B    %矩阵 M 为 m×p 维的矩阵 A 与 p×n 维的矩阵 B 的乘积,如果两个矩阵
               维数不正确会产生错误
```

（2）向量内积。

格式：

```
C = dot(A,B)         %C 为 A 与 B 的内积
sum(A.* B)           %返回 A 与 B 的内积
C = dot(A,B,dim)     %C 为 A 与 B 在 dim 维上的内积
```

（3）向量叉乘。

格式：

```
C = cross(A,B)       %C 为 A 与 B 的叉乘
```

注：使用 cross(**A**,**B**)时需注意，若 **A**、**B** 为向量，则能且仅能含有 3 个元素；若都为矩

阵，仅能为 $3 \times n$ 的矩阵，且 C 同为一个 $3 \times n$ 的矩阵，其中的列是 A 与 B 对应列的叉积。

（4）混合积。

乘法运算函数可根据不同表达式进行嵌套使用。

例 3.6　混合积求解。

```
>> a = [1 2 3]; b = [-1 -2 -3];          %创建原矩阵
>> X = dot(b,cross(a,b))                 %求解 X = b·(a×b)
X =
     0
```

（5）矩阵卷积与解卷。

格式：

```
C = conv(A,B)                    %求 A 与 B 的卷积,即多项式乘法
deconv(A,B)                      %解卷,即多项式除法
[m,n] = deconv(A,B)     %m 和 n 分别返回多项式 A 除以多项式 B 的商项和余项
```

例 3.7　多项式乘法与除法演示。

```
>> A = [1 1];                    %对应多项式 s + 1
>> C = conv(A,A)                 %求解(s + 1) * (s + 1)
C =
     1     2     1
>> B = [1 3 3 1]; V = [1 1];     %对应多项式 B = s^3 + 3s^2 + 3s + 1, V = s + 1
>> deconv(B,V)                   %求解 B/V
ans =
     1     2     1
%答案为 s^2 + 2s + 1
>> [m,n] = deconv(B,V)           %m 为两多项式的商多项式,n 为其余式
m =
     1     2     1
n =
     0     0     0     0
```

3. 除法运算

（1）矩阵除法。

格式：

```
X = A \ B      %矩阵的右除
X = A / B      %矩阵的左除
```

（2）点除运算。

格式：

```
X = A. \ B      %对应元素之间的右除
X = A. / B      %对应元素之间的左除
```

4. 乘方运算

格式：

```
>>B = A^n          %B 为方阵 A 各元素求 n 次方
```

注：n>0 时表示为 A 的 n 次方，n<0 时表示为 A^{-1} 的 |n| 次方。

```
>>C = A.^B                    %C 表示矩阵 A 中各元素对矩阵 B 中各元素求幂次方,A,B,C 维
                               数相同
```

3.4.3　矩阵的相关函数

1. expm 函数：计算方阵指数

格式：

```
Y = expm(A)                   %计算 A 的矩阵指数
```

2. logm 函数：计算方阵的对数

格式：

```
Y = logm(X)                   %计算矩阵 X 的对数,为 expm 的反函数
[Y,es] = logm(X)              %es 为相对残差的估计值
```

3. funm 函数：供生成方阵的函数

格式：

```
F = funm(A,fun)               %fun 可为任意基本函数,如 F = funm(A,'exp')
[F,es] = funm(A,fun)          %es 为其结果相对误差估计值
```

4. sqrtm 函数：计算矩阵的方根

格式：

```
X = sqrtm(A)                  %满足 X*X=A 的 X 矩阵
X = sqrtm(A,re)               %re 为结果相对误差估计值
```

5. ploy 函数：计算矩阵 A 的特征多项式

格式：

```
P = poly(A)                   %返回矩阵 A 的特征多项式的各项系数
```

6. polyvalm 函数：用于多项式求值

格式：

```
Y = polyvalm(p,A)             %以矩阵方式返回多项式 p 的计算值,此计算方式等
                               同于使用多项式 p 替换矩阵 A
```

3.4.4　矩阵的特殊运算

1. 矩阵的转置

格式：

```
B = A'
```

例 3.8 *矩阵转置的演示。*

```
>> A = magic(3),B = A + [j,0,0;0,j,0;0,0,j]    %创建实矩阵 A 与复数矩阵 B
A =
        8        1        6
        3        5        7
        4        9        2
```

```
B =
    8.0000 + 1.0000i   1.0000 + 0.0000i   6.0000 + 0.0000i
    3.0000 + 0.0000i   5.0000 + 1.0000i   7.0000 + 0.0000i
    4.0000 + 0.0000i   9.0000 + 0.0000i   2.0000 + 1.0000i
>> A'          %实矩阵的转置
ans =
    8     3     4
    1     5     9
    6     7     2
>> A.'         %实矩阵加点转置
ans =
    8     3     4
    1     5     9
    6     7     2
>> B'          %复数矩阵的转置
ans =
    8.0000 - 1.0000i   3.0000 + 0.0000i   4.0000 + 0.0000i
    1.0000 + 0.0000i   5.0000 - 1.0000i   9.0000 + 0.0000i
    6.0000 + 0.0000i   7.0000 + 0.0000i   2.0000 - 1.0000i
>> B.'         %复数矩阵加点转置
    ans =
        8.0000 + 1.0000i   3.0000 + 0.0000i   4.0000 + 0.0000i
        1.0000 + 0.0000i   5.0000 + 1.0000i   9.0000 + 0.0000i
        6.0000 + 0.0000i   7.0000 + 0.0000i   2.0000 + 1.0000i
```

由上例看出，实数矩阵的转置，无论加点与否，结果总与线性代数中相同，而复数矩阵转置后的各元素，则是原矩阵各元素在位置的转置变换基础上，再转换为其共轭复数。

2. 矩阵的逆

（1）求逆矩阵。

格式：

```
Y = inv(X)              %若 X 为奇异矩阵或近似奇异矩阵,计算数值将不
                          准确
```

（2）求伪逆矩阵。

格式：

```
Z = pinv(A)             %Z 为 A 的伪逆矩阵
Z = pinv(A,tol)         %tol 为误差
```

注：当矩阵为长方阵时，方程 $AX = I$ 和 $XA = I$ 至少有一个无解，这时 A 的伪逆矩阵在某种意义上可以代表矩阵的逆。当 A 为非奇异矩阵时，则有 $\text{pinv}(A) = \text{inv}(A)$。

3. 矩阵的秩

格式：

```
R = rank(A)             %R 为矩阵 A 的秩
R = rank(A,tol)         %tol 为给定的误差
```

4. 矩阵的迹

矩阵的迹，即矩阵的对角线元素之和。

格式：

```
G = trace(A)
```

5. 方阵的行列式

格式：

```
D = det(A)                          %返回方阵 A 的行列式值
```

6. 范数求解

（1）norm 函数。

格式：

```
N = norm(A)                         %求矩阵 A 的欧几里得范数
N = norm(A,1)                       %求矩阵 A 的列范数
N = norm(A,2)                       %求矩阵 A 的欧几里得范数
N = norm(A,inf)                     %求矩阵 A 的行范数
N = norm(A,'fro')                   %求矩阵 A 的 Frobenius 范数
```

（2）normest 函数。

格式：

```
Nt = normest(A)                     %矩阵 A 的欧几里得范数估计值
Nt = normest(A,tol)                 %tol 为指定误差
[Nt,coutnum] = normest(…)           %coutnum 为计算估计值的迭代次数
```

7. 矩阵的集合运算

将矩阵看作集合，我们又可以进行更多的数据操作了。下面介绍矩阵的集合运算。

（1）检验集合中的元素。

格式：

```
K = ismember(a,S)                   %a 为 S 中元素时,K 为 1,反之为 0
K = ismember(A,S,'rows')            %A 和 S 列数相同,若 A 中的第 i 行与 S 中某一行
                                     相同,则 K(i) =1,反之为 0
```

（2）取集合的单值元素。

格式：

```
x = unique(S)                       %取集合 S 中不同元素构成的向量
x = unique(S,'row')                 %返回 x、S 不同行元素构成的矩阵
[b,i,j] = unique(S,'rows')          %i、j 体现 b 中元素在原向量中的位置
```

（3）两集合的交集。

格式：

```
C = intersect(A,B)                  %表示集合运算关系:C =A∩B
C = intersect(A,B,'rows')           %A、B 列数相同,返回元素相同的行
[C,iA,iB] = intersect(A,B)          %C 为 A、B 的公共元素,iA 与 iB 分别表示公共元
                                     素在集合 A、B 中的位置
```

（4）两集合的并集。

格式：

```
C = union(A,B)              %表示集合运算关系:C = A∪B
C = union(A,B,'rows')       %A,B 列数相同,每一行视为单个元素求并集
[C,iA,iB] = union(A,B,'rows')  %iA、iB 分别表示 C 中行向量在原矩阵中的位置
```

（5）两集合的差。

格式：

```
C = setdiff(A,B)           %集合运算关系:C = A - B
C = setdiff(A,B,'rows')    %返回属于 A 但不属于 B 的不同行
[C,i] = setdiff(A,B,'rows')  %i 为 C 中元素在 A 中的位置
```

（6）两集合交集的非。

格式：

```
C = setxor(A,B)            %返回 A∩B 的非
C = setxor(A,B,'rows')     %返回矩阵 A、B 交集行的非,A、B 列数相同
[C,iA,iB] = setxor(A,B,'rows')  %iA、iB 表示 C 中元素分别在 A、B 中的位置
```

8. 矩阵的关系运算

同维矩阵间还可以进行关系运算，相关运算符与其含义由表 3 - 3 给出。

表 3 - 3　矩阵的关系运算符

运算符	含义	运算符	含义
>	大于	<	小于
==	等于	~=	不等于
>=	大于或等于	<=	小于或等于

矩阵的关系运算中，同维矩阵相对应的元素如果满足关系，则所得的结果矩阵对应元素为 1，否则为 0。

9. 矩阵的逻辑运算

矩阵还可以进行逻辑运算。

首先，需要明确，矩阵 A 和 B 能够进行逻辑运算的条件是，A 和 B 都为 $m \times n$ 矩阵，或者其中一个量为标量。

据此，有相关的逻辑运算语句如表 3 - 4 所示。

表 3 - 4　矩阵的逻辑运算符

意义	语句
与运算	$C = A \& B$ 或者 $C = \text{and}(A,B)$
或运算	$C = A \mid B$ 或者 $C = \text{or}(A,B)$

意义	语句
非运算	$C = \sim A$ 或者 $C = \text{not}(A)$
异或运算	$C = \text{xor}(A, B)$

3.5 矩阵的应用

显而易见，MATLAB 在矩阵数据处理方面的优势，给以矩阵运算为代表的线性代数领域带来了极大的便利。所以在熟悉掌握了矩阵的相关运算之后，让我们略微涉及一下矩阵的应用，尤其在线性代数领域中的应用。

3.5.1 线性代数中一些简便运算

1. 特征值和特征向量

格式:

```
[X,Y] = eig(A)
```

例 3.9 求解矩阵的特征值极其对应的特征向量。

```
>> A = [2 2 1;2 0 2;1 0 2],[V,D] = eig(A)
A =
     2     2     1
     2     0     2
     1     0     2
V =
   -0.7428   -0.5883   -0.7071
   -0.5571    0.7845   -0.0000
   -0.3714    0.1961    0.7071
D =
    4.0000         0         0
         0   -1.0000         0
         0         0    1.0000
```

求得 A 矩阵的特征值为 4、-1、1，其中特征值所对应的特征向量依次为:

```
(-0.7428    -0.5571    -0.3714)'
(-0.5883     0.7845     0.1961)'
(-0.7071    -0.0000     0.7071)'
```

2. 平衡矩阵

格式:

```
B = balance(A)              %求 A 的平衡矩阵 B
[T,B] = balance(A)          %求 A 的相似变换矩阵 T 和平衡矩阵 B,满足 B = T - 1AT
```

3. 正交基

格式：

```
B = orth(A)                    % 将 A 正交规范化
```

3.5.2　线性方程组求解

在线性代数中，线性方程组的一般式可表示为：

$$AX = B$$

其中，A 为线性方程组的系数矩阵，X 为未知项，B 则为已知常数项。而对线性方程组的求解一般有两种，分别是：

- 求方程组的唯一解，即特解；
- 求方程组的无穷解，即通解。

通常在线性代数中，我们可以根据系数矩阵的秩（r）来判断解的情况：

令 r 为线性方程组系数矩阵的秩，n 为未知变量的个数，

- 若 $r = n$，则方程组有唯一解；
- 若 $r < n$，则方程组可能有无穷解。

并有结论：线性方程组的无穷解 = 对应齐次方程组的通解 + 非齐次方程组的一个特解。

1. 求线性方程组的特解

格式：

```
X = B \A
X = B * inv(A)
```

注意，其中的 B 为其已知项矩阵的转置矩阵。

2. 求齐次线性方程组的通解

格式：

```
null(A)                    %返回的列向量为方程组的正交规范基
null(A,'r')                %返回的列向量为方程组的有理基
```

3. 求非齐次方程组的通解

与一般的线性代数解法一样，我们可以在 MATLAB 的工作环境中按部就班地先求一个线性方程组的特解和齐次通解，然后相加得到我们想要的线性方程组的通解，但 MATLAB 提供给了我们更为便利的解答方法。

利用 rref 函数：

格式：

```
rref([A B])                %B 为其已知项矩阵的转置矩阵
```

例 3.10　求解方程组 $\begin{cases} 2x_1 + 7x_2 + 3x_3 + x_4 = 6 \\ 3x_1 + 5x_2 + 2x_3 + 2x_4 = 4 \\ 9x_1 + 4x_2 + x_3 + 7x_4 = 2 \end{cases}$。

```
>> A = [2 7 3 1;3 5 2 2;9 4 1 7];
>> B = [6 4 2];
>> rref([A B])
```

```
Error using horzcat
Dimensions of arrays being concatenated are not consistent.
>> rref([A B'])          %rref 中的第二个参数必须为已知项矩阵的转置矩阵
ans =
    1.0000         0   -0.0909    0.8182   -0.1818
         0    1.0000    0.4545   -0.0909    0.9091
         0         0         0         0         0
```

运算结果表明，该方程组的一个特解为：$X_0 = \begin{bmatrix} -0.1818 & -0.9091 & 0 & 0 \end{bmatrix}$

其基础解系有两个基向量：

$$\boldsymbol{\varepsilon}_1 = \begin{bmatrix} -0.0909 & 0.4545 & 1 & 0 \end{bmatrix}$$

$$\boldsymbol{\varepsilon}_2 = \begin{bmatrix} 0.8182 & -0.0909 & 0 & 1 \end{bmatrix}$$

最终得该方程组的解为：$X = X_0 + K_1 * \boldsymbol{\varepsilon}_1 + K_2 * \boldsymbol{\varepsilon}_2$。$K_1$ 与 K_2 可取任意常数。

※MATLAB 与航天工程

例 3.11（接例 2.17） 若火箭质量为 6 000 kg，重力加速度 g 取 10 m/s²，以 5 s 为间隔，将前 40 s 内火箭速度、动能、重力势能以矩阵形式表示。

动能与重力势能的计算表达式分别为：

$$E_k = \frac{1}{2}mv^2$$

$$E_p = mgh = mg \times \frac{1}{2}at^2$$

运行程序：

```
>> m = 6000; a = 20; g = 10;
A = zeros(4,8);
A(1,:) = [5 10 15 20 25 30 35 40];
A(2,:) = a*A(1,:);
A(3,:) = 0.5*m*A(2,:).*A(2,:);
A(4,:) = m*g*0.5*a*A(1,:).*A(1,:);
A
```

运行结果：

```
A =
  1.0e+09 *
    0.0000    0.0000    0.0000    0.0000    0.0000    0.0000    0.0000    0.0000
    0.0000    0.0000    0.0000    0.0000    0.0000    0.0000    0.0000    0.0000
    0.0300    0.1200    0.2700    0.4800    0.7500    1.0800    1.4700    1.9200
    0.0150    0.0600    0.1350    0.2400    0.3750    0.5400    0.7350    0.9600
```

矩阵前两行显示 0，这是由于矩阵中存在量级相差过大的数据，可以在工作区直接查看变量 A，如图 3-6 所示。

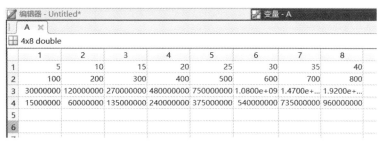

图 3 - 6　矩阵 A

本章小结

本章主要介绍了矩阵的生成和基本运算，要求读者掌握：
（1）矩阵的生成和导入。
（2）矩阵的基本运算。
（3）区分矩阵和数组基本运算的差别。
（4）多项式的基本运算。
（5）MATLAB 软件在线性代数中有关问题的求解。
本章可以说是学好下面几章的基础，希望读者能够熟练掌握，多练习实际操作。
本章函数汇总见表 3 - 5。

表 3 - 5　本章函数汇总

函数	位置
创建常用特殊矩阵	表 3 - 1
矩阵的数据交换	3.3.2.2
矩阵的结构交换	3.3.2.3
矩阵的引用	3.3.3
矩阵的相关函数	3.4.3
矩阵的特殊运算	3.4.4

本章符号使用指南见表 3 - 6。

表 3 - 6　本章符号使用指南

符号	用途/位置
数组运算符与矩阵运算符	表 3 - 2
…	连接过长语句
矩阵的关系运算符	表 3 - 3
矩阵的逻辑运算符	表 3 - 4

习　题

1. 用 excel 文件创建矩阵 $A = [2\ 3\ 4;1\ 5\ 6;9\ 8\ 7]$。

2. 用 dat 文件创建矩阵 $B = [3\ 2\ 1;6\ 5\ 4;7\ 8\ 3]$。

3. 求向量组 $X_1 = [1\quad 2\quad 3\quad 4]$，$X_2 = [-1\quad 3\quad 8\quad 9]$，$X_3 = [7\quad 7\quad 4\quad 1]$，$X_4 = [2\quad 3\quad 0\quad 4]$的线性相关性。

4. 求解方程组 $\begin{cases} 2x_1 + x_2 - x_3 + 3x_4 = 3 \\ 5x_1 - x_2 - x_4 = 4 \\ -3x_1 + 2x_2 - x_3 - 2x_4 = 1 \end{cases}$。

第4章

程 序 设 计

"殊途同归"这个成语大家再熟悉不过，可是在计算机世界里，我们却往往偏爱于那些更加节约时间和空间的算法。可以说程序设计的观念不仅仅在于解决问题，还在于如何巧妙地运用流程控制语句来编写出最佳程序。

MATLAB 除了指令行操作的直接交互外，作为一种高级应用软件还提供了自己的编程语言。MATLAB 是所有高级语言中最友善、最相容、最常用的一种高级语言，MATLAB 程序设计语言属于第四代编程语言，其编程方式相当简洁，其效率比常用的 C、C++、Fortran 和 Basic 等语言要简单得多。因此，学完本章的内容，读者将会体会到，MATLAB 是一种非常方便的软件。本章节将主要介绍程序设计的基础知识，包括 M 文件、流程控制语句以及程序设计的技巧三个方面。

4.1　M 文件

4.1.1　M 文件概述

在介绍 M 文件之前，让我们先来熟悉一下图 4 - 1 所示的 MATLAB 窗口界面。

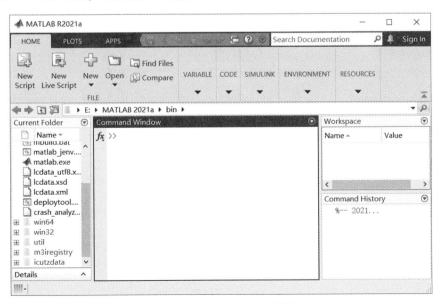

图 4 - 1　MATLAB 窗口界面

一般来说，我们可以在图 4-1 所示的命令窗口 "Command Window" 中输入所要执行的命令，但这种方法不便于程序的存储、调试、调用等。所以我们通常使用 M 文件来编辑程序。M 文件是一个文本文件，可以用各种文本文件对它进行修改，M 文件有脚本文件与函数文件两种形式，有关内容我们将在 4.1.2 节再做详细介绍，接下来我们先来介绍如何创建、保存与打开一个 M 文件。

通常，我们可以通过以下三种方式新建一个 M 文件：

（1）在 MATLAB 命令窗口中键入 "edit"，就会自动弹出新建的 M 文件窗口。

（2）单击 "File" 菜单中的 🖼 图标。

（3）单击 "File" 菜单中的 "New" 命令，从下拉菜单中再选择 "Script" 命令即可，如图 4-2 所示。

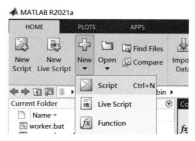

图 4-2　新建 M 文件的路径截图

若想要打开某个已编辑好的 M 文件，有以下几种方式：

（1）在命令窗口键入 "edit filename"，此处的 filename 就是指将要打开的 M 文件的文件名，同时要打开的文件可以不加扩展名。

（2）单击 "File" 菜单中的 "🗀" 图标，从弹出的对话框中选择所需打开的文件。

（3）单击 "File" 菜单中的 "Open" 命令，从下拉菜单中选择所需打开的文件。

经过编辑或修改的文件，可通过单击 M 文件编辑窗口中工具条上的 "💾" 图标来存储文件，或者单击编辑窗口中的 "File" 菜单，在下拉菜单中选择 "Save" 命令，然后再将文件保存到相应的位置。

M 文件保存时有以下几点需要注意：

（1）文件名只能包含字母、数字和下划线，不能含有空格、减号等，且只能以字母开头（例如，1. m、eg2 - 1. m 等都是不合法的文件名），其后缀均为 ". m"。

（2）文件名一般使用小写字母，MATLAB 不区分文件名的大小写。

（3）为防止与变量名冲突，M 文件名一般用 4 个以上的字符命名，如 prog1. m、eg23. m 等。另外，系统内部保留字及内部 M 文件的文件名也不要用，如 function、clear、switch 等。

4.1.2　M 脚本文件与 M 函数文件

M 文件分为两种，一种称为脚本（Scripts），其中包含了 MATLAB 的各种命令。另外一种称为函数（Function），它可以接受输入变量，并将运算结果送至输出变量。

MATLAB 中的交互模式对于简单问题非常有用，但是，当遇到比较复杂的问题时，例如重复计算或者执行运算直到满足某个条件时，则需要利用脚本文件。脚本文件由一串按用户意图排列的 MATLAB 指令集合构成，其运行所产生的变量会留在 MATLAB 工作空间中，其运行生成的结果会在"Command Window"窗口中显示，也可以以图的形式显示或者以文件形式被保存下来。这类文件也可以称为计算机程序，而编写这些文件则被称为编程。下面请看一个例子。

例 4.1　利用 M 文件编辑的方式，作出如下函数的曲线。

$$y_1 = \sin(2\pi t) + 2\cos(2\pi \times 2t) + \cos(2\pi \times 4t)$$
$$y_2 = \sin(2\pi t) + 2\cos(2\pi \times 3t) + \cos(2\pi \times 8t)$$

其程序设计为：

```
clear;                          %从内存中删除变量
clc;                            %清除命令窗
t = 0:0.01:1;
y1 = sin(2*pi*t)+2*cos(2*pi*2*t)+cos(2*pi*4*t);
y2 = sin(2*pi*t)+2*cos(2*pi*3*t)+cos(2*pi*8*t);
plot(t,y1,'rp',t,y2)
```

输入程序之后，M 文件的界面如图 4-3 所示。

图 4-3　例 4.1 M 文件截图

若想要运行文件，有以下三种方法：

（1）在图 4-3 中"EDITOR"选项卡下，单击"Run"菜单中的" ▷ "图标，也就是"Save and run"，此时就会出现一个保存文件的窗口，选择需要保存的位置，并给编辑好的文件命名。注意：文件名只能包含字母、数字和下划线。单击"保存"按钮后，运行结果就会自动弹出来。

（2）可以直接按电脑键盘上的 F5 键，若文件还未保存，就会弹出保存窗口，接下来的步骤同上；若文件已经保存好，运行结果就会自动弹出；若文件有错，错误将会显示在"Command Window"窗口中，读者可根据错误的位置自行调试。

（3）第三种方法的前提是文件已保存，并且文件名符合规范。这样，我们就可以在"Command Window"窗口中直接输入文件名，按 Enter 键（回车键）即可得到结果。

值得注意的是，最好将 MATLAB 窗口界面工具栏中的文件路径改成你所存储该 M 文件的路径。即将"Current Folder"改成存储将要被运行程序的文件夹。

例 4.1 的运行结果如图 4 – 4 所示。

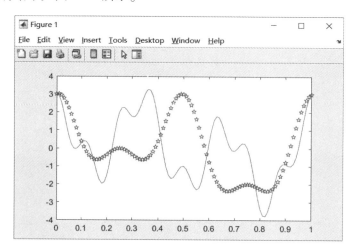

图 4 – 4　例 4.1 运行结果

例 4.1 涉及画图的基本知识，读者可以在"Command Window"窗口中输入"help plot"再按 Enter 键，查看 plot 函数的用法和相关说明，也可以参照本书第 6 章相关知识。值得说明的是，MATLAB 不能画出连续函数的图像，因此作图前要先取点，即"t = 0:0.01:1"。一般情况下，我们在运行一个程序前，还应在"Command Window"窗口中输入"clear"，再按 Enter 键来删除之前的程序运行时在 MATLAB 工作空间里留下的变量。

函数文件与脚本文件不同，它的格式比较严格。函数文件在工程量比较大的程序中是相当有用的。我们可以将一个比较大的问题细化到每一个函数，然后在编程过程中，各个函数可以直接拿来调用，不需要重复编辑相同的语句，否则会使整个程序看起来太过冗长。更直白地说，这些读者自行编制的函数相当于对 MATLAB 中函数库进行了扩充，在不需要的时候就可以删去。

下面我们介绍函数文件的一般结构。

（1）首先，函数的第一行必须以"function"开头，称为"函数说明行"（Function Definition Line）。在函数文件运行时，系统就会为函数分配一个临时空间。函数中所包含的变量都存放在这个空间中，并且在函数调用结束后释放这些空间。

（2）接下来的一行为 H1 行（The First Help Line），以"%"开头，也叫作第一注释行，一般包含大写体的函数名和用关键字形容的函数功能。当用"look for"查找时，系统只会在函数的 H1 行中搜索是否有符合条件的关键字。

（3）紧接着 H1 行的为帮助文字，也是由"%"开头。主要对函数的功能进行更加详细的解释，比如对函数中出现的变量进行说明或者对一些函数进行解释等。并且，搜索一个 M 文件的帮助时，帮助文字会同 H1 行一起出现。帮助文字与 H1 行构成的整体可以称为"在线帮助文本区"（Help Text）。

（4）"在线帮助文本区"下面空一行，仍以"%"开头，是该函数文件编辑和修改的相关记录。

（5）文件的相关记录下面才是函数体（Function Body），即具体实现函数功能的控制流程语句的集合。它们一般与前面的注释部分也有一个空行相隔。为了方便读者理解，函数体中有的语句后面也可以添加注释，仍以"%"开头。总之，注释部分可以根据情况自行添加，但一个函数文件中"函数说明行"和"函数体"是必不可少的。下面是一个函数文件的例子。

例 4.2 （用 M 文件编制）

内容如下：

```
function [m,i,j] = ex0402(A)
% FIND_GREATEST find the greatest element of an matrix
%A,表示某一矩阵
%m,指定矩阵中的最大元素,此处的指定矩阵即 A 矩阵
%randn(3,4),随机产生一个 3 行 4 列的矩阵
%max(A),若 A 只有一行或者一列,直接取该行或该列的最大值;
          若 A 是多行多列的,则取出各列的最大值
%find(A = =m),找出矩阵中等于 m 的元素在 A 中的位置

clear;
clc;
A = randn(3,4);
m = max(max(A));
[i,j] = find(A = =m);
```

关于 M 文件的知识，我们平时使用比较多的还是 M 脚本文件，无论怎样，组成 M 文件的指令语句是非常关键的内容。若能够灵活运用指令语句，再结合 MATLAB 工具箱中已有的函数，就会轻而易举地利用编程解决问题了。

所有的计算机编程语言都提供了控制程序流执行程序的语法，MATLAB 当然也不例外，下一节，我们将详细介绍常用的流程控制语句。

4.2　流程控制语句

4.2.1　流程结构

计算机程序通常都是从前到后逐一执行的，但往往也需要根据情况，在中途改变程序执行的顺序，这种改变就称为流程控制。而在 MATLAB 中常见的流程结构有三种：顺序结构、循环结构和选择结构（分支结构）。

1. 顺序结构

顺序结构是最简单的程序结构。用户在编写好程序后，系统就会按程序顺序逐一执行语句得出所需要的结果。这种顺序结构的程序虽然容易编制，但由于没有比较复杂的控制语句，其实现的功能也是比较有限的。所以，顺序结构只适用于较简单的程序。下面我们就列写一些例题，以便对其有更深入的了解。（由于程序比较简单，本节中的大部分例题都以在命令窗口中直接输入的形式给出，未用 M 文件编制。）

例 4.3　求数组 a、b 的商。

在命令窗口中输入：

```
>>clear;
>>clc;
>>a = [1 3 5];
>>b = [2 4 6];
>>c = a.\b
```

在命令窗口中显示：

```
c =
    2.0000   1.3333   1.2000
```

由此可见，系统会按程序顺序逐一执行语句并输出结果。

2. 分支结构

分支结构一般出现在需要判断的地方，常用 if 语句来实现。分支结构有图 4-5、图 4-6和图 4-7 所示的三种形式。

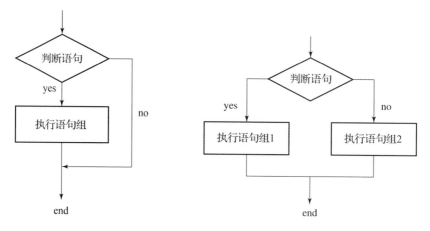

图 4-5 if…end 结构流程图   图 4-6 if…else…end 结构流程图

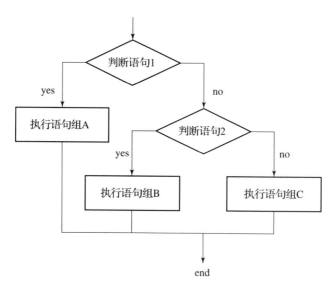

图 4-7 if…else if…else…end 结构流程图

有关 if 语句的详细运用将在 4.2.2 节说明。另外，当出现选择结构时，也可以用 switch 语句实现。

3. 循环结构

循环结构一般出现在多次有规律的运算过程中。程序中，被循环执行的语句组称为循环体。另外，每循环一次，都要判断是否继续重复执行循环体，判断的依据即循环结构的终止条件。MATLAB 中有 for 语句和 while 语句两种循环结构，也将在 4.2.2 中详细介绍。

4.2.2　流程控制语句

1. for 循环结构

for 指令通常运用于循环语句，for 语句即循环语句，其关键字还包括 end、break 等。一般情况下，for 循环结构以 for 开始，以 end 结束，成为 for…end 结构，其格式为：

```
for 循环变量 = 初值:步长:终值
    语句组 A
end
```

在使用 for 语句时，有以下几点值得注意：

（1）若"步长"省略，则以 1 为默认步长值。

（2）初值和终值可正可负，可从小到大，也可以从大到小，但必须合乎正常计数逻辑。

（3）for 后面所跟随的循环变量，有时候我们又称之为"计数器"，用以对回路控制进行计数。

（4）整个 for 指令的执行过程是：首先给循环变量赋初值，然后执行语句组 A，结束后再折返，循环变量增加一个"步长值"，然后判断是否超过了终值，若未超过则再次执行语句组 A，以此类推；若超过了，则跳过语句组 A，执行 end，至此整个 for 指令执行结束。

在写函数时，确保在每行语句后面加上分号"；"——除非你想把结果显示在屏幕上。

例 4.4　求 $1+2+3+4+5+\cdots+99+100$ 的和。

在命令窗口中输入：

```
>>clear
>>clc
>>sum = 0;        %设定变量初值为 0
>>for n = 1:100   %设定计数器变量 n 为回路控制计数器,自 1 至 100 计数,增量为 1
sum = sum + n;    %随计数器的增量进行累加工作,sum 初值为 0,n 的初值为 1
end               %控制回路至 end 折返
>>sum
```

在命令窗口中显示：

```
sum =
    5050
```

这个题目是循环控制中最基础的一个题目。但仍有需要注意的地方，先看如下的程序：

继续在命令窗口中输入：

```
>>for n = 1:100
    sum = sum + n;
```

```
   end
>>sum
```

在命令窗口中显示：

```
sum =
   10100
```

比较上述的两个程序可知，在没有设置 sum 的初值时，程序输出的结果就会出错。在一般的高级语言中，若是没有设定变量的初值，则程序在执行时会以 0 为其初始值来运算。所以，许多读者习惯了这样的用法，因此，当变量初值应该为 0 时，就把赋初值这一步省略掉了，这在 MATLAB 中是一个致命的错误。在此例中，省略 sum = 0 会出现两种情况，其一是答案会是"sum = 10100"，这是因为它累计了上一次执行的结果；第二种情况是屏幕上会出现：

```
Error using sum
Not enough input arguments.
```

这是告诉我们用错了 sum 这个变量，事实上，这就是 MATLAB 的一个内涵指令。即未被设定的变量，不可以使用在累加式中。如果要累加的数比较多，而变量在之前的程序中已经被赋值，所以再执行新的含有相同变量的程序时，我们一般并不能看出结果是错的。因此，我们最好在执行每一个新的程序之前，都用"clear"删除 MATLAB 工作空间中已有的变量，这在例 4.1 中也提到过，之后将不再说明。

例 4.5 设计一个程序，求 1 至 10 的阶乘。

在命令窗口中输入：

```
>>clear
>>clc
>> x = 1;
>> for i = 1:10
      x = x * i;
      end
>> x
```

在命令窗口中显示：

```
x =
   3628800
```

这一题与例 4.4 极为相似，但有一个不同之处，即对变量 x 的初始值设定是 1 而不再是 0，因为 0 与任何数相乘都等于 0，得到的结果将不正确。这一题也是相当基础但很重要的程序，它不但可以训练我们的思维，而且还增强我们的逻辑观念与程序设计能力。

例 4.6 请仔细思考下列程序的执行结果，并说明原因。

在命令窗口中输入：

```
>>clear
>>clc
>> for i = 1:10
      x(i) = i.^2;
   end
>> x
```

在命令窗口中显示：

```
x =
    1    4    9    16    25    36    49    64    81    100
```

这个题目也是相当经典的范例，若将程序运行的结果遮住，我们所预期的结果与正确答案未必一致。绝大部分人认为 x 的值会是 100，而不是一个矩阵。其他的高级语言也是如此，一个变量所代表的数值最后一定只有一个值可以存在，而不能在同一时间代表两个以上的数值存在。这就是 MATLAB 的特别之处，在 MATLAB 中，循环语句每一步所得出的结果都会被保存下来。

例 4.7　以例 4.6 为基础，进一步思考以下程序的执行结果，并说明原因。

在命令窗口中输入：

```
>>clear
>>clc
>> for i = 1:10
        x(i) = i.^2;
    end
>> x(i)
```

在命令窗口中显示：

```
ans =
    100
```

通过例 4.6 与例 4.7，希望读者可以建立一个正确的变量使用方法。我们在使用 $x(i)$ 这个变量时，读者可能立刻就想到其中一定存放了 i 从 1 至 10 的运算结果，这个想法是错误的。i 的值在回路最后变成了 10，因而 $x(i)$ 表示的是 $x(10)$，按 Enter 键后会得到 ans = 100 的结果。若进一步输入 $x(11)$，命令窗口就会显示出如下错误：

```
Index exceeds the number of array elements (10).
```

即超过了矩阵定义的维度。

例 4.8　设计一个九九乘法表。

在命令窗口中输入：

```
>>clear
>>clc
>>for i = 1:9
    for j = 1:9
        a(i,j) = i*j;
    end
  end
>> a
```

在命令窗口中显示：

```
a =
    1    2    3    4    5    6    7    8    9
    2    4    6    8   10   12   14   16   18
    3    6    9   12   15   18   21   24   27
    4    8   12   16   20   24   28   32   36
```

5	10	15	20	25	30	35	40	45
6	12	18	24	30	36	42	48	54
7	14	21	28	35	42	49	56	63
8	16	24	32	40	48	56	64	72
9	18	27	36	45	54	63	72	81

这一程序嵌套使用了 for 语句，并且得到的结果是矩阵的形式。值得注意的是，若嵌套使用 for 语句，不能忘了每一个 for 都有一个 end 与其对应。在这一题中，变量 i 控制行，变量 j 控制列。若这样形容还不够清晰，请看下面的程序：

在命令窗口中输入：

```
>>clear
>>clc
>>for i = 1:10        %注意与例4.8的区别
    for j = 1:9
        a(i,j) = i*j;
    end
  end
>> a
```

在命令窗口中显示：

```
a =
```

1	2	3	4	5	6	7	8	9
2	4	6	8	10	12	14	16	18
3	6	9	12	15	18	21	24	27
4	8	12	16	20	24	28	32	36
5	10	15	20	25	30	35	40	45
6	12	18	24	30	36	42	48	54
7	14	21	28	35	42	49	56	63
8	16	24	32	40	48	56	64	72
9	18	27	36	45	54	63	72	81
10	20	30	40	50	60	70	80	90

由此可见 i 的范围变大，行的数量就会增加。

其实，在某些情况下，我们应该避免使用 for 语句。因为 for 语句的执行结果一般为一个矩阵，而矩阵每一个元素的位置与循环变量有关系，表示位置的量必须是正整数，而循环变量却不一定是正整数。当出现这种情况时，我们要么避免使用 for 语句，要么使用 length 或 size 函数。请看下面的例题。

例 4.9 $t = 0:0.1:10$，$y = \sin(t)$，当 $y(t) \leq 0$ 时，置 y 的值为 $1/2$。画出函数 $y(t)$ 的图。

使用 for 循环的做法：

在命令窗口中输入：

```
>>clear
>>clc
>>t = 0:0.1:10;
>>y = sin(t);
```

```
>>for i = 1:length(t)        %length(t)表示取 t 矢量的长度,此处指 t 矩阵的
                              列数;也可以使用"t =1:size(t,2)",size(t,2)
                              表示 t 矩阵的列数。另外,size(t,1)表示 t 矩阵
                              的行数
   if y(i) < = 0
      y(i) = 0.5;
   end
 end
>>plot(t,y)
```

不用 for 循环的程序:

```
>>clear
>>clc
>>t = 0:0.1:10;
>>y = sin(t);
>>y(find(y < =0)) = 1/2;
>>plot(t,y)
```

最终的运行结果如图 4 – 8 所示。

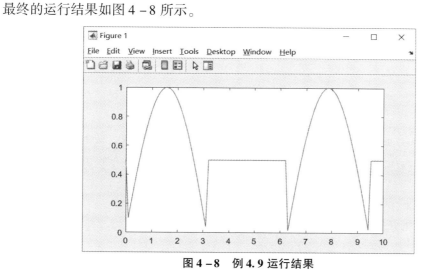

图 4 – 8 例 4.9 运行结果

在这个例题中，使用 for 语句就显得比较复杂了。有关程序设计的技巧还会在 4.3 节具体介绍，这里只是做一些了解。

2. if 分支结构

if 指令通常运用于分支结构（即选择结构），其关键字还包括 else、elseif、end。在 4.2.1 节中，我们知道分支结构通常有三种形式，比较完整的结构如下：

```
if   条件1
    语句组1
    elseif 条件2
        语句组2
    else
        语句组3
end
```

需要说明的有以下几点：

（1）在执行该语句时，首先判断是否满足条件1，若满足，则执行语句组1；若不满足，则再判断是否满足条件2，若满足，则执行语句组2；若不满足则执行语句组3。

（2）整个指令口语化的意思为：

假如……则……，要是……则又……，否则……。

举一个例子：假如天气晴朗则去户外野炊，要是多云则去海边游泳，否则就留在屋内。

（3）elseif 与 else 是选项，可以根据要求而舍取，有时候，并不需要 elesif，那么选择语句就变为 if…else…end 结构或者 if…end 结构。

（4）在 if 语句中所使用的判断条件是建立在关系运算与逻辑运算基础之上的，若能熟悉掌握这两种运算，就能对条件的成立与否有很大的帮助。

例 4.10 请思考下列程序的执行结果，并说明原因。

在命令窗口中输入：

```
>>clear
>>clc
>>a = 10;
>>b = 20;
>>if a < b
    disp('b > a')          %打印出"b > a"的字型
  end 回车
```

在命令窗口中显示：

```
b > a
```

这个题目使用的选择结构是 if…end 结构，若 a 的值比 b 的值大，按 Enter 键之后，没有任何输出，即若不满足 if 后面的条件，程序将直接跳过其下面的语句而执行 end，结束程序的运行。

例 4.11 请进一步思考下列程序的运行结果，并说明原因。

在命令窗口中输入：

```
>>clear
>>clc
>> a = 100;
>> b =20;
>> if a < b
    disp('b > a')
  else
    disp('a > b')
  end 回车
```

在命令窗口中显示：

```
a > b
```

这道题所使用的选择结构是 if…else…end 结构，相比于上一例而言，我们增加了 else 这个关系比较式的条件判断句，即在 if 条件之后进一步的可供选择的处理方案。

例 4.12 下列程序的运行结果会有错误信息，请仔细思考并加以改正。

在命令窗口中输入：

```
>>clear
>>clc
>>a = 20;
>> b = 20;
>> if a < b
       disp('b > a')
     elseif a = b 回车
```

在命令窗口中显示：

```
elseif a = b
        ↑
```

Incorrect use of '=' operator. Assign a value to a variable using '=' and compare values for equality using '= ='.

这一题本来打算使用 if…elseif…else…end 结构，输入下列程序：

```
a = 20;
b = 20;
if a < b
   disp('b > a')
elseif a = b
   disp('a = b')
else
   disp('a > b')
end
```

但实际上在 "elseif a = b" 这一步就开始出错了，因为逻辑运算中，要表示一个数等于另一个数，必须使用 "= =" 号。所以，只要将这一步中的 "=" 换成 "= ="，程序就能顺利执行，最终输出的结果是 "a = b"。

除了两个数之间可以比较大小之外，两个矩阵之间也可以比较大小，这里将不再举例说明，请读者自行练习。

3. while 循环结构

while 指令是另一个常用循环结构的语句，即循环执行一组语句，而执行次数决定于一些逻辑条件。其关键词包括 while、end、break 等。其基本调用格式为：

```
while   条件表达式
        语句组 A
end
```

需要说明的有以下几点：

（1）程序根据 while 后面的条件表达式判断是否执行下方的语句组 A。

（2）在执行 while 指令时，首先判断其后面的条件表达式的逻辑值，若为 "真"，则执行语句组 A 一次，在反复执行过程中，每次都会进行测试。若测试的值为 "假"，则程序的执行将会跳过语句组 A，直接执行 end 之后的下一指令。

（3）为了避免逻辑上的失误，而陷入无穷回路中，我们建议在回路中适当的位置放置 break 指令，以便在失控时可以跳出回路。

（4）while 指令也可以嵌套使用，如下所示：

```
while    条件表达式1
    语句组1
        while    条件表达式2
            语句组2
        end
    语句组3
    语句组4
    ...
end
```

例 4.13 设计一个程序，求 1 至 100 中的偶数之和。

在命令窗口中输入：

```
>>clear
>>clc
>> x = 0;                  %设置变量 x 初值为 0
>> sum = 0;               %设置变量 sum 初值为 0
>> while x < 101          %当 x > =101 时,程序脱离回路
        sum = sum +x;     %进行累加
         x = x +2;        %x 的步长为 2,保证结果是偶数相加得到的
    end
>> sum
```

在命令窗口中显示：

```
sum =
    2550
```

例 4.14 假设制订这样一个存钱计划，第一天存 1 元，第二天存 2 元，第三天存 4 元，第四天存 8 元，以此类推，直到满一个月（31 天）为止，求总共存的金额数。

在命令窗口中输入：

```
>>clear
>>clc
>> x = 1;
>>y = 0;
>>for j = 1:31
        y = x +y;
        x = 2. * x;
    end
>>fprintf('Total = % f',y)          %在屏幕上输出 "Total = "
```

在命令窗口中显示：

```
Total =2147483647.000000
```

由此可见，MATLAB 在日常生活中有着极其广泛的应用。例如，我们可以将其作为一种计算工具应用在银行贷款或存款的计算中。

4. switch 分支结构

当选择结构的分支较多时，使用 if 语句就显得非常冗长，这时我们可以使用 switch 语

句，会使程序显得简单很多。其结构如下：

```
switch  变量 A
    case  a1
        语句组 1
    case  a2
        语句组 2
    ...
    otherwise
        语句组 n
end
```

需要说明的有以下几点：

（1）该语句的执行过程，从表面上看是将 A 的值作为判别执行哪一个语句组的依据，若 A 的值为 a_1 则执行语句组 1，以此类推。但实际上却是将 A 的值依次与 case 后面的检测值进行比较，若结果为真，则执行相应的语句，若为假则继续比较。若与所有 case 后面的值均不等，则执行 otherwise 后面的语句。

（2）A 应当是个标量或者一个字符串。因此，并不是所有分支过多的选择结构都可以用 switch 语句来解决。当 A 为一个标量时，MATLAB 将把 A 与 case 后面的各个检测值 a_i（$i = 1$，$2,3,\cdots$）做比较，即判断 "A == ai" 的逻辑值。若 A 为一个字符串，MATLAB 将使用 strcmp 函数来比较，即判断 "strcmp（A，检测值 ai）" 的值。

例 4.15 用 switch 语句实现对学生成绩的管理。

（这一题用 M 文件来编制）

程序设计如下：

```
clear;
clc;
for i = 1:10
    a{i} = 89 + i;
    b{i} = 79 + i;
    c{i} = 69 + i;
    d{i} = 59 + i;
end
c = [c,d];
Name = {'Student1','Student2','Student3','Student4','Student5'};
Mark = {98,84,76,43,100};
Rank = cell(1,5);
S = struct('Name',Name,'Marks',Mark,'Rank',Rank);
for i = 1:5
    switch S(i).Marks
        case 100
            S(i).Rank = '满分';
        case a
            S(i).Rank = '优秀';
        case b
```

```
            S(i).Rank = '良好';
          case c
            S(i).Rank = '及格';
          otherwise
            S(i).Rank = '不及格';
        end
    end
disp(['姓名','得分','等级']);
for i = 1:5;
    disp([S(i).Name,blanks(6),num2str(S(i).Marks),blanks(6),S(i).
Rank]);
    end
```

程序运行的结果如下：

姓名	得分	等级
Student1	98	优秀
Student2	84	良好
Student3	76	及格
Student4	43	不及格
Student5	100	满分

这是一个比较常见的应用 switch 语句的例子。在这个例题中，与上述说明的两点中不同的是，case 后面的检测值既不是一个标量，也不是一个字符串，而是一个数组，并且，只要被检测值与该数组中的一个元素相等，就执行相应的 case 后面的语句。这样的数组叫作元胞数组。与普通数组不同的是，在创建元胞数组时，要用 "{}" 将数组中的元素括起来，比如上例中的 "Name = {'Student1','Student2','Student3','Student4','Student5'};" Name 就是一个元胞数组。

在这一例题中，除了元胞数组外，还需要说明的就是 struct 函数和 num2str 命令。"S = struct('Name', Name, 'Marks', Mark, 'Rank', Rank);" 表示创建一个含有 5 个元素的构架数组。而 num2str 命令表示将数值变量转换成字符串，并可以与其他字符串组成新的文本，在这一例中，即将得分这一数值变量转换成字符串，并且与姓名、等级这些字符串组成新的文本。若还是不能清楚地理解这一概念，请看下面的例子：

在命令窗口中输入：

```
>>m = 1.0;
>>s = ['the height of the desk is only',num2str(m),'meter']回车
```

在命令窗口中显示：

```
s =
    the height of the desk is only 1 meter
```

若读者希望进一步了解 struct 和 num2str，请参考相关书籍，这里将不再赘述。

5. try…catch 结构

错误控制指令提供了捕捉异常的方法。try 语句用来检测程序代码是否会产生错误，一旦错误发生，MATLAB 会立即跳入相应位置的 catch 语句中去，对错误做出相应的处理。

try…catch 结构语句如下：

```
try
    语句组 1        %命令语句组 1 被执行,若正确则跳出此结构
catch
    语句组 2        %当命令语句组 1 出现执行错误时则执行命令语句组 2
end
```

该语句的执行过程是：总是执行语句组 1，若正确，则跳出此结构；仅当语句组 1 出现执行错误的时候，才执行语句组 2。可以使用 lasterr 函数查询出错的原因，若其查询结果为一个空串，说明语句组 1 被成功执行。若执行语句组 2 有出错，MATLAB 将终止该结构。请看下面使用 try... catch 结构的例子。

例 4.16　try…catch 结构语句的运用。

(用 M 文件编制)

程序设计如下：

```
clear;
clc;
N = 4;
A = rand(3);
try
    A_N = A(N,:)
catch
    A_end = A(end,:)
end
lasterr
```

程序运行的结果如下：

```
A_end =
    0.5497    0.7572    0.5678
ans =
    'Index in position 1 exceeds array bounds (must not exceed 3).'
```

由此可见，语句组 1 "A_N = A(N,:)" 执行出现错误，因为 A 矩阵的大小只有 3 行 3 列，因而不能取到 A 矩阵的第 4 行元素。程序的运行结果指出了这一错误，并且将语句组 2 的结果显示出来了，因为语句组 2 在执行过程中并没有出现错误。

4.3　程序设计的技巧

在学习了 MATLAB 控制流程语句后，读者应该能够真切地感受到，MATLAB 语言与人类口语非常相似，并没有太多复杂或是特别难懂的地方。除了一些函数可能需要单独去学习、理解、运用之外，其他指令也是非常通俗易懂的。

尽管如此，但我们在编程的时候还是要注意一些细节，以便提高编程效率。一般地，当工程比较庞大时，MATLAB 运行的速度是比较慢的，若因为一个细节错误，而耽误了运行时间，是非常不理想的。除了注意编程的一些细节之外，我们也应充分考虑到程序的执行效率，尽量缩短程序的运行时间。在接下来的这一节中，我们将介绍一些常用的 MATLAB 编程技巧。

4.3.1 嵌套计算

一个程序的执行速度取决于它所处理的数据、调用子函数的个数以及程序所采用的算法。我们通常会尽量减少子程序的个数，提高算法的效率。嵌套计算在一定程度上降低了程序的复杂度，减少了程序运行的时间。这里所说的嵌套计算与 4.2.2 节中 while 语句的嵌套使用是有区别的，下面请看一个例子。

例 4.17 有两个多项式：(1) $y = a_0 + a_1 x + a_2 x^2 + a_3 x^3$；(2) $y = a_0 + x[a_1 + x(a_2 + a_3 x)]$。表达式 (2) 是表达式 (1) 的嵌套表达方式。表达式 (1) 需要 3 次加法和 6 次乘法，表达式 (2) 需要 3 次加法和 3 次乘法，显然，后者的效率更高，下面我们用程序来说明。

（用 M 文件编制）

程序设计如下：

```
clear;
clc;
N = 100000;                    %假设多项式有100000项
a = 1:N;                       %每一项的系数依次为1,2,…,100000
x = 1;                         %x的值为1
tic                            %初始化时钟
y1 = sum(a.*x.^[0:1:N-1]);     %求多项式y1 = 1 + 2x + 3x² + 4x³ + … +
                               %  100000x⁹⁹⁹⁹⁹的值
y1,toc                         %显示y1的值,终止时钟,获得执行时间
tic
y2 = a(N);
for i = N-1:-1:1
y2 = y2*x+a(i);                %嵌套计算y2 = (…((100000x + 99999)x +
                               %  99998)x…)x +1的值
end
y2,toc
tic,y3 = polyval(a,x),toc      %polyval函数是MATLAB自带的求多项式
                               %  值的函数
```

程序运行的结果如下：

```
y1 =
    5.0001e+09
Elapsed time is 0.010878 seconds.
y2 =
    5.0001e+09
Elapsed time is 0.007244 seconds.
y3 =
    5.0001e+09
Elapsed time is 0.019930 seconds.
```

由此可见，使用嵌套计算花的时间最短，而调用 polyval 函数的方法花的时间最长。并且，在这一例中，我们可以看出，就多项式的求解而言，我们可以根据表达式的规律，减少加减法或乘除法的次数，而使得多项式的值不发生改变，即可提高运算效率。只不过这一

例，我们恰好可以使用嵌套计算的方法来实现这一目标。

另外需特别注意的是，若重复运行此例，要将首行"clear"替换为"clear all"，否则会得到调用 polyval 函数用时最短的错误结论。这是因为 clear 的作用是清除工作空间的所有变量，而 clear all 的作用是清除工作空间的所有变量、函数和 MEX 文件。

例 4.18　分别运用嵌套计算和非嵌套计算求泊松分布的有限项之和。

$$F(M) = \sum_{n=0}^{M} \frac{\lambda^n}{n!} e^{-\lambda}$$

由概率论的知识，当 $M \to \infty$ 时，$F(M) \to 1$。

（用 M 文件编制）

```
clear;
clc;
r = 80;                          %此处为了方便编程这里的 r 即代表 λ
M = 160;
p = exp( -r);
f1 = 0;
for i = 1:M                      %使用嵌套计算
    p = p *r/i;
    f1 = f1 +p;
end
f1
f2 =0;
for i = 1:M                      %使用非嵌套计算
    p = r^i/factorial(i);        %factorial(i)表示求 i 的阶乘
    f2 = f2 +p;
end
f2 *exp( -r);
f2
```

程序的运行结果如下：

```
f1 = 1.0000
f2 = 5.5406e +34
```

由此可见，嵌套计算不仅缩短了程序运行的时间，更提高了程序运行结果的准确性。

4.3.2　循环计算

由 4.2.2 节可知，MATLAB 有 while 和 for 两种循环计算语句。在"程序设计的技巧"这一节中，我们提出循环计算，并不是因为循环计算也可以提高程序运行效率，而是要强调应尽量避免使用循环语句。需要具体说明的有以下几点：

（1）避免使用循环语句，尽量使用向量计算代替循环计算。例如，"for i = 1:100"可以直接用"i = 1:100"来代替，需要注意的是，接下来涉及 i 的计算也将是向量计算。

（2）在必须使用 for 循环时，为了得到最大速度，在 for 循环被执行前，应预先分配相应的数组内存。

（3）优先考虑内联函数（inline），因为内联函数是由 C 语言构造的，其运行速度显然快于使用循环的矩阵运算。

（4）应用 MEX 技术。MATLAB 语言虽然更人性化，但它也有缺点，即运行速度慢。若采取很多措施后，运行速度仍然很慢，则应该考虑使用其他语言，如 C 语言等。这时候，就需要按照 MEX 技术要求的格式编写相应的程序，然后通过编译连接，形成在 MATLAB 中可以直接调用的动态链接库（DLL）文件。有关 MEX 的知识，读者可以参考相关书籍。

4.3.3　使用例外处理机制

我们在编写程序的时候难免会犯一些错误，这时，我们可以通过 MATLAB 窗口的错误提示信息来修改源程序。如果是由于用户使用不当，而致使程序不能输出正确的结果，我们就应该考虑去完善程序，以便用户在使用不当时，能够指出使用中出现的错误并指导用户如何正确使用程序。简单地讲，就是在源程序中添加例外处理语句。下面请看一个例子。

例 4.19　假设编辑一个函数文件如下：

```
function ex040303(n)
if (n < =0)|(ceil(n)~ =n)
    error('输入的数必须是正整数')
else
    n
end
```

当用户在 MATLAB 命令窗口中输入 ex040303(1.3)或者 ex040303(-1)时，会得到：

```
>> ex040303(1.3)
Error using ex040303 (line 3)
输入的数必须是正整数
>> ex040303 (-1)
Error using ex040303 (line 3)
输入的数必须是正整数
```

由这个例子可知，我们可以用 error('message')指令来完善源程序。有关 error 指令的用法在 4.2.2 节中已经提到过。用户在使用时发生的错误，大多数都是由越界或者其他不符合矩阵运算的因素引起的。值得注意的是，输入的数不能超过矩阵的边界，也不能为非正整数。

有时候，也因为用户输入的参量个数超过设定的最大个数或者类型不符合要求而发生错误提示。若输入的参量少于设定的个数，则输入的参量一般会用默认值。比如 plot(x,y)，若只输入 plot(y)，此时默认的 x 轴为 $[0,1,2,\cdots]$ 序列。此处，我们介绍一个可以判断输入变量个数的函数，即 nargin 函数。其具体用法通过下面的例子来说明。

例 4.20　编辑一个 M 函数文件用于求两个多项式之和。

程序设计为：

```
function p = ex040304(a,b)
if nargin = = 1            %若输入的参数个数为1,则始终将其作为第一个参量
    b = zeros();          %第二个参量默认为零向量
elseif nargin = = 0       %若输入的参数个数为0,则报错
    error('empty input');
```

```
end
a = a(:).';
b = b(:).';
la = length(a);              %当 a 与 b 的长度不同时,较短的向量默认在前面补
                             零,使之与另一个向量等长
lb = length(b);
p = [zeros(1,lb-la) a]+[zeros(1,la-lb) b];
```

编辑好函数文件后若在命令窗口中输入:

```
>>a = [1 2 3];
>>ex040304(a) 回车
```

就会得到:

```
ans = 1    2    3
```

若输入:

```
>>ex040304()
```

就会得到:

```
Error using ex040304(line 5)
empty input
```

由这个例子可知, nargin 函数可用来判断输入参量的个数, 当参数个数输入不符合要求时就会报错, 从而使得程序更加完美。

4.3.4　使用全局变量

MATLAB 语言不同于 C + + 等语言, 在使用变量的时候一般直接命名并赋值即可, 不需要声明变量类型, MATLAB 会根据赋值的形式即可默认变量的类型。但 MATLAB 中并不是所有的变量都可如此, 比如全局变量。用户需要在主程序或者子程序中声明一个或多个全局变量, 而后这些全局变量在函数和主程序中就可以直接被引用了, 这也是提高程序运行效率的方法之一。其生成格式如下:

```
global v1 v2 … vn
```

值得注意的有以下几点:

（1）生成全局变量时, 各变量用空格隔开。

（2）在函数中调用全局变量后, 全局变量保留在 MATLAB 工作空间中。

（3）两个或多个函数可以共有同一个全局变量, 只需同时在这些函数中用 global 语句定义即可。

（4）最好将全局变量全部用大写字母命名, 避免与局部变量重名。

（5）一旦被声明为全局变量, 则在任何声明它的地方都可以对其进行修改。因此, 用户很难知道全局变量的确切值, 使得程序的可读性下降。

下面我们通过实例来了解全局变量的用法。

例 4.21　本例将说明全局变量的声明即函数传递。

```
function Sa = ex040305(t,D)    %子函数,用于生成一个抽样函数 Sa(t)
global D
t(find(t = =0)) = eps;
```

```
Sa = sin(pi*t/D)./(pi*t/D);

function ex040305main()          %主函数
clear;
clc;
global D
D = 1;
t = -10:0.001:10;
plot(t,ex040305(t,D))
```
程序的运行结果图 4-9 所示。

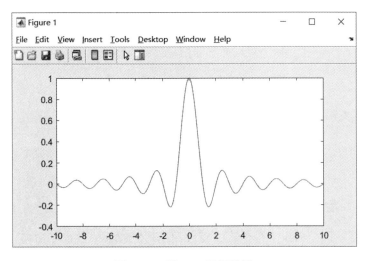

图 4-9 例 4.21 运行结果

若将子程序 ex040305 中的全局变量声明语句改为"global D = 2",则程序的运行结果（见图 4-10）变为:

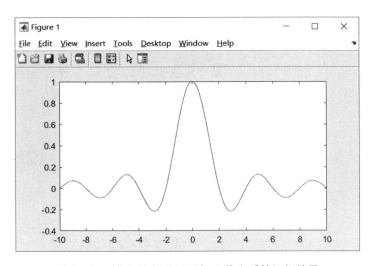

图 4-10 例 4.21 修改子函数 D 值之后的运行结果

```
>> ex040305main
```
Warning: The value of local variables may have been changed to match the
　　　globals. Future versions of MATLAB will require that you declare
　　　a variable to be global before you use that variable.
> In ex040305 (line 2)
In ex040305main (line 7)

可见在子函数中对全局变量赋的值会覆盖主函数中对全局变量赋的值。

全局变量的使用可以减少参数的传递，如果合理地利用全局变量，将可以提高程序的执行效率。但全局变量会损害函数的封装性，造成程序调试及维护的困难，因此不提倡使用全局变量。

4.3.5　*通过 varargin 和 varargout 传递参数

有时候，用户并不能确定函数调用过程中传递的输入参数和输出参数的个数，此时，我们就可以使用 varargin 和 varargout 函数来实现可变数目的参数传递。varargin 和 varargout 函数将传递的参数封装成元胞数组。其用法格式为：

（1）"function[p1,p2] = ftn1(a,b,varargin)"表示函数 ftn1 可以接受输入参数大于两个的函数调用并返回两个输出参数。必选的参数是 a 和 b。

（2）"function[p1,p2,varargout] = ftn2(a,b)"表示函数接受两个输入参数，可返回大于两个的输出参数。

下面我们通过具体实例来说明。

例 4.22　利用 varargin 函数对例 4.21 作图，并且作出不同输入参数个数时的图。为方便起见，将 ex040305 中的 D 重新定义，使用全局变量看不出结果的明显变化。

（用 M 文件编制）
先将 ex040305 修改为：
```
function Sa = ex040306picture(t,D)
if nargin < = 1
    D = 2
end
t(find(t = =0)) = eps;
Sa = sin(pi * t /D)./(pi * t /D);

function ex040306()
clear;
clc;
D = 0.5; b1 = -8; b2 = 8;
t = b1:0.01:b2;
bounds = [b1 b2];
subplot(1,3,1)
ex040306plot('ex040306picture')
axis([b1 b2 -0.4 1.2])
```

```
subplot(1,3,2)
ex040306plot('ex040306picture',bounds)
axis([b1 b2 -0.4 1.2])
subplot(1,3,3)
ex040306plot('ex040306picture',bounds,D)
axis([b1 b2 -0.4 1.2])
function ex040306plot(ftn,bounds,varargin)
if nargin<2
    bounds = [-2 2];
end
b1 = bounds(1);
b2 = bounds(2);
t = b1:0.01:b2;
x = feval(ftn,t,varargin{:});
plot(t,x)
```

程序运行的结果如图 4 – 11 所示。

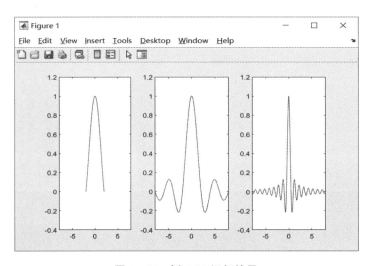

图 4 – 11　例 4.22 运行结果

　　针对例 4.22 而言，我们也可以使用普通方法来解决，即使用 if…elseif…end 语句来实现，但这种方法过于烦琐。可见，varargin 和 varargout 函数可以降低函数复杂性，提高函数运行效率。

※MATLAB 与航天工程

　　例 4.23（接例 2.17）　若火箭在发射 40 s 后，发动机关闭，在竖直方向仅受重力作用开始做匀减速运动，于发射后 120 s 竖直方向速度降为 0，试编写 M 文件，对于给定输入时间 t，输出此时火箭高度，g 取 10 m/s²。

　　在前 40 s 内，高度计算公式为：

$$h = 0.5at^2$$

在 40 s 至 120 s，高度计算公式为：

$$h = 0.5a \times 40^2 + v(t-40) - 0.5g(t-40)^2$$

其中，$v = a \times 40 = 20 \times 40 = 800$（m/s）。

M 文件内容如下：

```
function [output] = ex0404(t)
if ((t>=0)&&(t<=40))
    output =0.5*20*t^2;
elseif ((t>40)&&(t<=120))
    output =0.5*20*40^2 +800*(t-40)-0.5*10*(t-40)^2;
else
    warning:"应取[0,120]";
end
end
```

运行程序：

```
>> t1 =100;
>> h1 = ex0404(t1)
```

运行结果：

```
h1 =
        46000
```

再运行程序：

```
>> t2 =140;
>> h2 = ex0404(t2)
```

运行结果：

```
warning:应取[0,120]
>In ex0404(line 7)
```

本章小结

本章主要介绍编程的基础知识，学完本章之后，读者应该做到：

（1）能够编写一些可以执行判断过程的程序，即程序的操作取决于程序计算的结果或者来自读者的输入。

（2）本章的 4.2 节中介绍了必要的函数，即分支结构、循环结构等。本章还介绍了 for 循环、while 循环和 switch 结构等，读者应能使用 MATLAB 循环结构编写一些重复计算指定了次数或者直到满足某个条件截止的程序。

（3）本章的 4.3 节着重介绍了在 MATLAB 编程过程中的技巧以及注意事项。介绍了嵌套计算、循环计算、例外处理机制等内容，读者应用书中所介绍的技巧，可以大大提高编程效率。

表 4－1 中列写了本章所使用的和一些常用的命令，以便读者查找。

表 4 - 1　控制流程中其他常用的指令

指令及其使用格式	使用说明
v = input（'message'） v = input（'message'，'s'）	该指令执行时，"控制权"交给键盘；待输入结束，按下 Enter 键，"控制权"交还给 MATLAB。message 是提示用的字符串。第一种格式用于键入数值、字符串、元胞数组等数据；第二种格式，不管键入什么，总以字符串形式赋给变量 v
keyboard	遇到 keyboard 时，将"控制权"交给键盘，用户可以从键盘输入各种 MATLAB 指令。仅当用户输入 return 指令后，"控制权"才交还给程序。它与 input 的区别是：它允许输入任意多个 MATLAB 指令，而 input 只能输入赋给变量的值
break	break 指令可导致包含该指令的 while、for 循环终止；也可以在 if…else…end、switch…case、try…catch 中导致中断
continue	跳过位于其后的循环中的其他指令，执行循环的下一个迭代
pause pause(n)	第一种格式使程序暂停执行，等待用户按任意键后再继续；第二种格式使程序暂停 n 秒后，再继续执行
return	结束 return 指令所在的函数的执行，而把"控制权"转至主函数或者指令窗。否则，只有待整个被调用函数执行完后，才会转出
error（'message'）	显示出错信息（即 message 的内容），终止程序
lasterr	显示最新出错原因，并终止程序
lastwarn	显示 MATLAB 自动给出的最新警告，但程序继续运行
elseif	条件执行语句
warning（'message'）	显示警告信息（即 message 的内容），但程序继续运行
end	终止 while、for 和 if 语句
case	在 switch 结构中用于指引程序的执行
for	将语句重复执行指定的遍数
while	将语句重复执行不确定的遍数
strfind（'s1'，'s2'）	在字符串 s_1 中搜索出现的字符串 s_2，返回 s_1 中所有出现的 s_2 的起始索引，若未找到则返回一个空数组
switch	通过比较输入表达式和相关的 case 表达式，从而引导程序执行

习　题

1. 分别用 for、while 循环以及不使用循环语句的方法求 $\sum\limits_{i=1}^{50} 2^i$ 的值。

2. 提供数据：

-12，3，0，60，1，9，23，72，88，30

试设计一个程序，实现以下功能：

（1）将上述数据从大到小排列；

（2）求上述数据之和；

（3）可以得知上述数据共有几个值；

（4）将上述数据中的偶数取出；

（5）找出上述数据中的最大值；

（6）找出上述数据中既能被 3 整除又能被 5 整除的数。

3. 编写一个画图函数，将其作为子函数，在主函数中调用之。并且满足：当输入的参数为空时，绘制单位圆；当输入的参数为一个大于 2 的正整数时，绘制出以参量为边数的正多边形；若输入的参量为其他情况，则报错。

第 5 章

函数的分析

5.1 概　　要

MATLAB 作为一种超高级语言，有它独特的功能。本章将带大家了解 MATLAB 中重要的组成部分——函数。

MATLAB 中提供了各种各样的关于数值计算的数学函数，并用图像形象直观地表示出计算的结果。这是和高级语言 C++ 有很大区别的。在 C++ 中，有的函数需要我们自己去定义，然后再去调用。而在 MATLAB 中，我们只要知道这些函数的语法即可，调用函数总比自己去定义函数要简单，这也使更多的人能很快地掌握 MATLAB 的用法。

本章详细列出了在数值信号处理中比较常用的函数，例如三角函数、矩阵函数、傅里叶变换函数等，还有一些特殊的函数。

在今天高速发展的科技领域，很多时候我们并不需要知道我们输入的数据是如何得出结果的，我们只要能够利用好这些工具，得出我们需要的结果即可。

5.2　函数分析相关指令

MATLAB 在函数解析上提供了非常完整的系数指令，帮助使用者得以非常简便地完成所需要的相关指令。MATLAB 在处理函数方面的指令非常丰富，可分为六大项目。

1. 数学类

（1）基本矩阵与矩阵运算；

（2）特殊矩阵；

（3）基本数学函数；

（4）特殊数学函数；

（5）坐标系统转换；

（6）矩阵函数与线性代数；

（7）资料分析与傅里叶转换；

（8）多项式函数；

（9）非线性函数与数值方法；

（10）稀有函数。

2. 绘图类

绘图与资料图像化。

3. 程序与资料类

（1）运算子与特殊符号；

（2）逻辑函数；

（3）文字结构与出错；

（4）字符串函数；

（5）位元函数；

（6）结构函数；

（7）MATLAB 物件函数；

（8）阵列元素函数；

（9）多维阵列函数。

4. 圆形人机界面类

圆形人机界面函数之创作。

5. 外界界面类

（1）MATLAB 对 Java 之人机界面；

（2）串列 I/O 输入输出 port。

6. 发展工具类

（1）一般性指令；

（2）声音处理函数；

（3）档案输入输出函数。

由于 MATLAB 在函数方面的指令极为丰富，本书也无法一一列出，这里只列出我们在程序设计的工程中常常用到的一些函数，并列有范例。

5.3　基本数学函数

现将 MATLAB 用到的基本数学函数以表格的形式罗列出来，见表 5 – 1，这些函数既可以直接在命令窗口（Command Window）中输入，也可以在编写 M 文件时使用。

表 5 – 1　基本函数和指令

函数	说明
abs(x)	对矩阵 x 取绝对值
sign(x)	取矩阵 x 的符号
sqrt(x)	对矩阵 x 求平方根
exp(x)	求 e^x

函数	说明
log(x)	求 ln$x$
log10(x)	求 $\log_{10}(x)$
log2(x)	求 $\log_{2}(x)$

例5.1　计算矩阵 $x = [13, -5, -12]$ 的 abs、sign、sqrt 值。

在命令窗口中输入：

```
>> %Basic Mathematics Funtion
>> clear;
>> clc;
>> x = [13,-5,-12];
>> a = abs(x)
>> b = sign(x)
>> c = sqrt(x)
```

在命令窗口中显示：

```
a =
    13      5      12
b =
    1      -1      -1
c =
    3.6056 + 0.0000i      0.0000 + 2.2361i      0.0000 + 3.4641i
```

"%"符号后面的为注解，第一行中"%"后面的语句并不参与运行。如果把"a = abs(x)"改成"a = abs(x);"，单击 Enter 键，返回的结果不会出现"a = 13　　5　　12"。因为加";"的语句不显示运行结果，这些是需要注意的。

例5.2　计算 $x = 10$ 时 $e^{\left(\frac{50}{x}\right)}$ 的值。

在命令窗口中输入：

```
>> clear;
>> clc;
>> x = 10;
>> y = exp(50/x)
```

在命令窗口中显示：

```
y =
    148.4132
```

clear 是清除之前参数的作用，当直接在命令窗口中输入 clear 命令时，在 workspace 中的变量就被清除掉了，这时需要重新输入要定义的变量。

例5.3　计算 $x = 1\ 000$ 时 $\ln(x)$ 的值。

在命令窗口中输入：

```
>> clear;
>> clc;
>> x = 1000;
>> y = log(x)
```

在命令窗口中显示：

```
y =
    6.9078
```

例 5.4　计算 $x = 100$ 时 $\log_{10}(x)$ 的值。

在命令窗口中输入：

```
>> clear;
>> clc;
>> x = 100;
>> y = log10(x)
```

在命令窗口中显示：

```
y =
    2
```

例 5.5　计算 $x = 1\,024$ 时 $\log_{2}(x)$ 的值。

在命令窗口中输入：

```
>> clear;
>> clc;
>> x = 1024;
>> y = log2(x)
```

在命令窗口中显示：

```
y =
    10
```

例 5.6　绘制指数函数 $\exp(x)$ 的函数曲线图，x 的范围为 0 到 10 之间。

在命令窗口中输入：

```
>> clear ;
>> clc;
>> x = 0:0.01:10;
>> y = exp(x);
>> plot(x,y);
```

运行结果如图 5 - 1 所示。

程序中利用到绘图函数 $\mathrm{plot}(x,y)$，在"x = 0:0.01:10;"中 0.01 表示采样的间隔。该程序中在语句后面加"；"可以省略大量的采样得出的结果。如果将"x = 0:0.01:10;"改成"x = 0:10;"时，运行的结果如图 5 - 2 所示。因为系统自动以 1 为间隔进行采样。

例 5.7　绘制对数函数 $\ln(x)$ 的函数曲线图，x 的取值范围为 1 到 100 之间。

在命令窗口中输入：

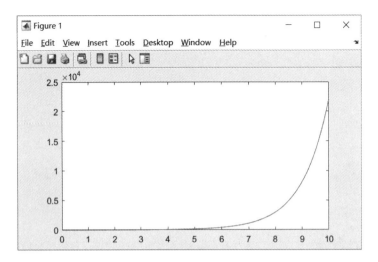

图 5 - 1 exp(x)的函数曲线图（一）

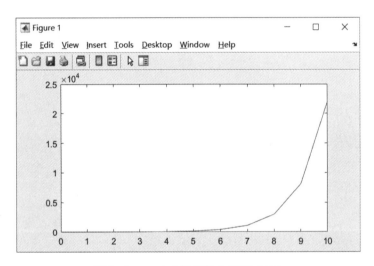

图 5 - 2 exp(x)的函数曲线图（二）

```
>> clear ;
>> clc;
>> x = 1:1:100;
>> y = log(x);
>> plot(y);
```

运行结果如图 5 - 3 所示。

例 5.8 设计程序，使其能同时编制 $\ln(2x)$、$\log_{10}(2x)$、$\log_2(2x)$ 三种函数的特性曲线图，这样可更直观地比较对数函数的特性。

在命令窗口中输入：

```
>> clear ;
>> clc;
>> fplot('[log(2*x),log10(2*x),log2(2*x)]',[1,100]);
```

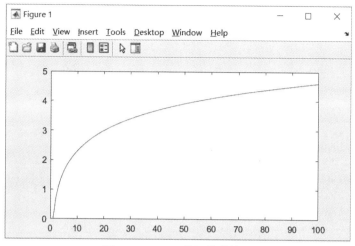

图 5 – 3 $\ln(x)$ 的函数曲线图

运行结果如图 5 – 4 所示。

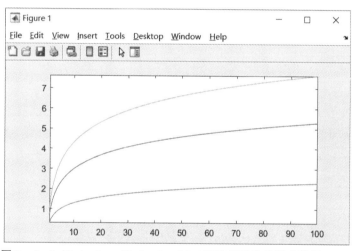

图 5 – 4 $\ln(2x)$、$\log_{10}(2x)$、$\log_2(2x)$ 三种函数的特性曲线图 （一）

例 5.9   对于例 5.8，利用程序设计的另一种方法，即利用基本的绘图函数 $\text{plot}(y)$，可以实现同样的功能。

在命令窗口中输入：

```
>> clear;
>> clc;
>> x = 1:1:100;
>> y1 = log(2 * x);
>> plot(y1);
>> hold on;
>> y2 = log10(2 * x);
>> plot(y2);
>> y3 = log2(2 * x);
>> plot(y3);
```

运行结果如图 5 – 5 所示。

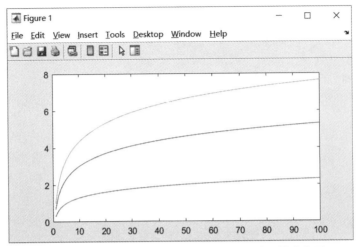

图 5 – 5 $\ln(2x)$、$\log_{10}(2x)$、$\log_2(2x)$ 三种函数的特性曲线图（二）

这种设计方法代码比较长，容易理解。"Hold on" 的作用是保持原来的图形，再将后面的图形叠加上来。

5.4   三角函数与反三角函数

MATLAB 提供了十分完整的三角函数（见表 5 – 2）在使用上的各项功能，并针对各项系数、向量、矩阵等进行三角函数的运算。而要注意的地方是三角函数的各项基本功能运算都是弧度而不是角度，如果要将角度转换为弧度则必须乘以 $\dfrac{\pi}{180}$。

表 5 – 2   函数和说明

函数	说明	函数	说明
$\sin(x)$	正弦函数	$\mathrm{asin}(x)$	反正弦函数
$\cos(x)$	余弦函数	$\mathrm{acos}(x)$	反余弦函数
$\tan(x)$	正切函数	$\mathrm{atan}(x)$	反正切函数
$\cot(x)$	余切函数	$\mathrm{acot}(x)$	反余切函数
$\sec(x)$	正割函数	$\mathrm{asec}(x)$	反正割函数
$\csc(x)$	余割函数	$\mathrm{acsc}(x)$	反余割函数

例 5.10   绘制出一个周期内 $2\sin(t)$ 的波形图。

在命令窗口中输入：

```
>> clear;
>> clc;
>> t = 0:0.01:2 * pi;
>> y = 2 * sin(t);
```

```
>> plot(t,y);
```
运行结果如图5-6所示。

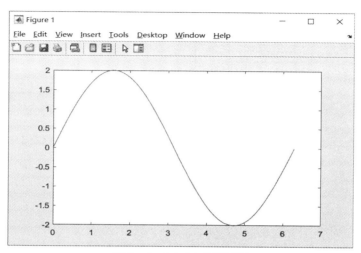

图5-6　2sin(t)的波形图

"2 * pi"表示直角坐标系中的360°。采样间隔越小则绘制出的图像越接近真实图像。

例5.11　在一张图中，同时绘制出 $\sin(x)$、$\cos(x)$ 的图像。

在命令窗口中输入：
```
>> clear;
>> clc;
>> x = 0:0.001:2 * pi;
>> y1 = sin(x);
>> plot(x,y1);
>> hold on;
>> y2 = cos(x);
>> plot(x,y2);
```
运行结果如图5-7所示。

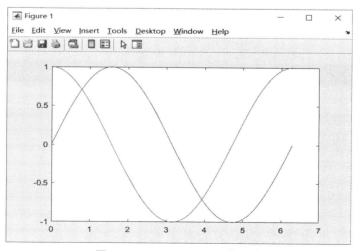

图5-7　$\sin(x)$、$\cos(x)$ 的图像

例 5.12 在一张图上同时绘制 $\sin(2x)$、$\cos(2x)$、$\tan(2x)$ 的函数图像。

在命令窗口中输入：

```
>> clear;
>> clc;
>> fplot('[sin(2*x),cos(2*x),tan(2*x)]',[-2*pi,2*pi]);
```

运行结果如图 5 - 8 所示。

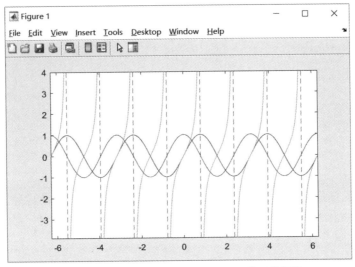

图 5 - 8　$\sin(2x)$、$\cos(2x)$、$\tan(2x)$ 的函数图像

例 5.13 设计一程序，求 $\sin(x)$ 在 $0° \sim 180°$ 区间内每隔 $15°$ 采样的值。

在命令窗口中输入：

```
>> clear;
>> clc;
>> x = 0:15:180;
>> y = sin(x*pi/180)
```

在命令窗口中显示：

```
y =
     0    0.2588    0.5000    0.7071    0.8660    0.9659    1.0000
  0.9659    0.8660    0.7071    0.5000    0.2588    0.0000
```

对于例题中的 "$y = \sin(x*pi/180)$" 语句，结尾时不要加 ";"，否则将看不到运行的结果。

例 5.14 设计一个程序，利用反三角函数将例 5.13 中所显示的函数值序列反求出角度的采样值，并给以相互验证。

在命令窗口中输入：

```
>> clear;
>> clc;
>> y = [0,0.2588,0.5000,0.7071,0.8660,0.9659,1.000,...
        0.9659,0.8660,0.7071,0.5000,0.2588,0.0000];
>> x = asin(y) * 180/pi
```

在命令窗口中显示：

```
x =
    0   14.9989   30.0000   44.9995   59.9971   74.9943   90.0000
   74.9943   59.9971   44.9995   30.0000   14.9989       0
```

这里面要注意的地方是"x = asin(y) * 180/pi"语句，不要忘记"* 180/pi"。所得出的结果 x 和上一例题的采样值 x 只有前半部分相等，观察 y 序列，思考这是为什么。

例 5.15　用 MATLAB 来验证基本的三角函数运算公式：

$$\cos(x + y) = \cos(x)\cos(y) - \sin(x)\sin(y)$$

在命令窗口中输入：

```
>> clear;
>> clc;
>> x = pi/3;
>> y = pi/6;
>> a = cos(x+y);
>> b = cos(x).*cos(y) - sin(x).*sin(y);
>> if ceil(10000.*a) == ceil(10000.*b)
        fprintf('a = b,等式成立')
>> else
        fprintf('a < >b,等式不成立')
>> end
```

在命令窗口中显示：

```
a = b,等式成立 >>
```

因为在 MATLAB 中，有很多计算出来的数是无理数，这时 MATLAB 会自动取小数点后四位作为有效数。这样会出现本来得出的 a、b 不完全相等，但是取小数点四位有效数后，得出的结果就相等了的问题。该例题中利用到 if、else，这种语法在第 4 章有详细的介绍，这里不再做讲解。

例 5.16　设计一个程序，可以产生一个递增的余弦函数。

在命令窗口中输入：

```
>> clear;
>> clc;
>> x = 0:0.001:4*pi;
>> y = cos(x).* exp(x/10);
>> plot(x,y);
```

运行结果如图 5 - 9 所示。

在这个例子中，我们需要注意的地方是"y = cos(x).* exp(x/10);"，而不能写成"y = cos(x) * exp(x/10);"，否则系统运行会出现如下错误提示：

```
Error using *
Incorrect dimensions for matrix multiplication.Check that the
number of columns in the first matrix matches the number of rows in the
second matrix.To perform elementwise multiplication, use '.*'.
```

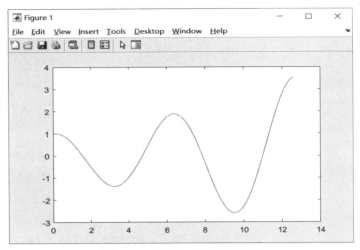

图 5 – 9   递增的余弦函数图形

因为矩阵与矩阵的相乘必须用 ".＊"，表示矩阵中对应的项进行相乘。如果是实数与矩阵相乘则不需要 ".＊"。

对于此例题，可以将 "x＝0：0.001：4＊pi；" 替换为 "x＝linspace(0，4＊pi，4000＊pi)；"，所得出的结果还是一样的；或直接写成 "x＝linspace(0，4＊pi，1000)；"，并无太大区别。

例 5.17   将正弦函数与 x 轴包围的区域填满。

在命令窗口中输入：

```
>> clear;
>> clc;
>> x = 0:0.001:4*pi;
>> y = sin(x).* exp(x/10);
>> fill(x,y,'b');
```

运行结果如图 5 – 10 所示。

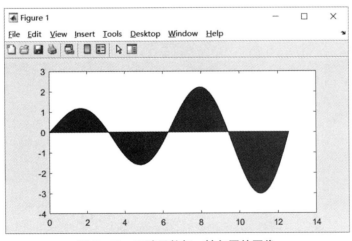

图 5 – 10   正弦函数与 x 轴包围的图像

对于这个例题，我们可以思考一个问题，当我们将 $\sin(x)$ 改为 $\cos(x)$ 时，看看蓝色区域是在哪一块。运行结果如图 5 – 11 所示。

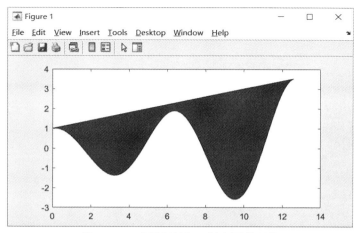

图 5 - 11 余弦函数与 x 轴包围的图像

例 5.18 利用 $y = \cos(x)\exp(x/10)$ 函数，绘制出该函数并以该函数为误差值的特性曲线图。

在命令窗口中输入：

```
>> clear;
>> clc;
>> x = 0:0.2:4 * pi;
>> y = cos(x). * exp(x/10);
>> errorbar(x,y,y)
```

运行结果如图 5 - 12 所示。

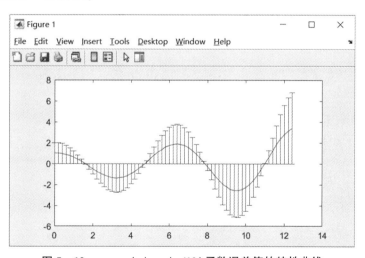

图 5 - 12 $y = \cos(x)\exp(x/10)$ 函数误差值的特性曲线

例题中我们认识到了一种新的作图函数 $\operatorname{errorbar}(x,y,y)$，它和 $\operatorname{plot}(x,y)$ 函数一样都可以绘制图像。但是功能有些差别，其中 $\operatorname{errorbar}(x,y,y)$ 函数的第三个 y 表示误差量。这里我们需要注意的问题是 "x = 0:0.2:4 * pi"，这里面采样的间隔不能太小，否则就会像 "fill(x,y,'b')" 一样，成了蓝色阴影。同时大家也可以举一反三，将其他的三角函数代替 $\cos(x)$，看看输出的结果如何。

例 5.19 绘制函数 $y = \cos(x)\ln(x/10)$ 的向量图。

在命令窗口中输入：

```
>> clear;
>> clc;
>> x = 0:0.2:4 * pi;
>> y = cos(x). * log(x/10);
>> feather(x,y)
```

运行结果如图 5 – 13 所示。

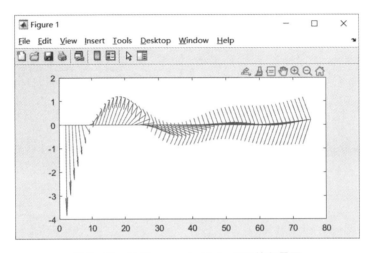

图 5 – 13 函数 $y = \cos(x)\ln(x/10)$ 的向量图

绘制函数向量图的函数 $\text{feather}(x,y)$，其用法和之前的绘图函数类似。能够绘制以 x 轴为起点的箭头。

5.5 双曲三角函数与双曲反三角函数

这一节我们将认识 MATLAB 中另外一类三角函数——双曲三角函数与双曲反三角函数，如表 5 – 3 所示。下面我们对这些函数做详细介绍并列出范例。

表 5 – 3 函数和说明

函数	说明	函数	说明
$\sinh(x)$	双曲正弦函数	$\operatorname{asinh}(x)$	双曲反正弦函数
$\cosh(x)$	双曲余弦函数	$\operatorname{acosh}(x)$	双曲反余弦函数
$\tanh(x)$	双曲正切函数	$\operatorname{atanh}(x)$	双曲反正切函数
$\coth(x)$	双曲余切函数	$\operatorname{acoth}(x)$	双曲反余切函数
$\operatorname{sech}(x)$	双曲正割函数	$\operatorname{asech}(x)$	双曲反正割函数
$\operatorname{csch}(x)$	双曲余割函数	$\operatorname{acsch}(x)$	双曲反余割函数

例 5. 20 设计程序，绘制出双曲正弦函数 $\sinh(x)$ 的函数图形。

在命令窗口中输入：

```
%绘制双曲正弦函数图(Hyperbolic sine)
>> clear
>> clc;
>> x = -4*pi:0.01:4*pi;
>> y = sinh(x);
>> plot(x,y)
```

运行结果如图 5 – 14 所示。

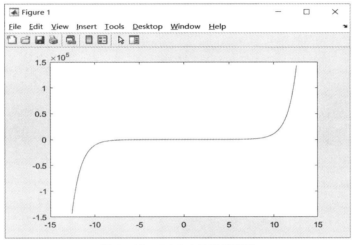

图 5 – 14 $\sinh(x)$ 的函数图形

例 5. 21 在一幅图上绘制出 $\sinh(x)$、$\cosh(x)$ 函数的图形，并做对比。

在命令窗口中输入：

```
%绘制双曲正弦函数和双曲余弦函数图
>> clear;
>> clc;
>> x = -2*pi:0.01:2*pi;
>> y1 = sinh(x);
>> plot(x,y1,'b');
>> hold on;
>> y2 = cosh(x);
>> plot(x,y2);
```

运行结果如图 5 – 15 所示。

例 5. 22 在一幅图中绘制出 $\sinh(x)$、$\cosh(x)$、$\tanh(x)$ 函数的图形。

在命令窗口中输入：

```
>> clear;
>> clc;
>> fplot('[sinh(x),cosh(x),tanh(x)]',[-pi,pi]);
```

运行结果如图 5 – 16 所示。

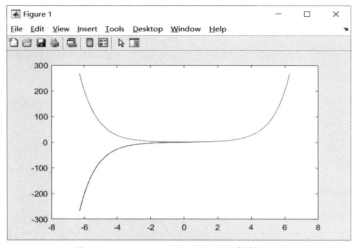

图 5 - 15 sinh(*x*)、cosh(*x*) 函数的图形

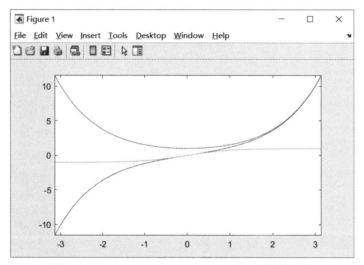

图 5 - 16 sinh(*x*)、cosh(*x*)、tanh(*x*) 函数的图形

这里我们先列举这三种函数图形，其余的函数图形，大家可以自己编写，基本的代码形式相同。

5.6 数值处理函数

在基本的数学运算中，最常用的数值处理函数列举如表 5 - 4 所示。

表 5 - 4 常用的数值处理函数和说明

函数	说明
fix(*x*)	向零方向取整
ceil(*x*)	取大于 *x* 的最小整数

函数	说明
gcd(x,y)	取整数 x、y 的最大公因数
lcm(x,y)	取整数 x、y 的最小公倍数
rem(x,y)	取整数 x 除以 y 的余数
round(x)	四舍五入
floor(x)	向负无穷大方向取整
real(x)	取复数的实部

例 5.23　对 $x=[2.23,-4.56,-4.5i+3,7.6i,6.12,7.4,-8.8]$ 分别求向零方向取整和大于 x 的最小整数。

在命令窗口中输入：

```
>> clear;
>> clc;
>> x = [2.23, -4.56, -4.5i +3,7.6i,6.12,7.4, -8.8];
>> fix(x)        %向零方向取整
>> ceil(x)       %取大于 x 的最小整数
```

在命令窗口中显示：

```
ans =
  2.0000 + 0.0000i  -4.0000 + 0.0000i  3.0000 - 4.0000i
  0.0000 + 7.0000i   6.0000 + 0.0000i  7.0000 + 0.0000i
 -8.0000 + 0.0000i
ans =
  3.0000 + 0.0000i  -4.0000 + 0.0000i  3.0000 - 4.0000i
  0.0000 + 8.0000i   7.0000 + 0.0000i  8.0000 + 0.0000i
 -8.0000 + 0.0000i
```

例 5.24　$x=[2.23,-4.56,-4.5i+3,7.6i,6.12,7.4,-8.8]$，分别求：

（1）四舍五入的值；

（2）向负无穷大方向取整；

（3）取实数值。

在命令窗口中输入：

```
>> clear;
>> clc;
>> x = [2.23, -4.56, -4.5i +3,7.6i,6.12,7.4, -8.8];
>> y1 = round(x)
>> y2 = floor(x)
>> y3 = real(x)
```

在命令窗口中显示：

```
y1 =
```

```
   2.0000 + 0.0000i   -5.0000 + 0.0000i   3.0000 - 5.0000i
   0.0000 + 8.0000i    6.0000 + 0.0000i   7.0000 + 0.0000i
  -9.0000 + 0.0000i
y2 =
   2.0000 + 0.0000i   -5.0000 + 0.0000i   3.0000 - 5.0000i
   0.0000 + 7.0000i    6.0000 + 0.0000i   7.0000 + 0.0000i
   9.0000 + 0.0000i
y3 =
   2.2300   -4.5600   3.0000        0   6.1200   7.4000   -8.8000
```

5.7　复变函数

MATLAB 处理复变函数的方法很直接，也很简单。这里我们介绍一些处理复数的函数，如表 5-5 所示。设 $z = a + bi$，其中 a、b 为实数。

表 5-5　处理复数的函数和说明

函数	说明
abs(z)	取复数平面中的绝对值大小
angle(z)	取复数平面中的相位角
real(z)	取 z 的实数部分
imag(z)	取 z 的虚数部分
conj(z)	取 z 的共轭复数

例 5.25　设 $z = 1 + \sqrt{3}i$，试编写程序求：

（1）z 在复数平面中的绝对值大小；

（2）z 在复数平面中的相位角；

（3）z 的实数部分；

（4）z 的虚数部分；

（5）z 的共轭复数。

在命令窗口中输入：

```
>> clear;
>> clc;
>> z = 1 + 3^(1/2) * i;
>> y1 = abs(z)
>> y2 = angle(z) * 180/pi
>> y3 = real(z)
>> y4 = imag(z)
>> y5 = conj(z)
```

在命令窗口中显示：

```
y1 =
```

```
        2.0000
y2 =
        60.0000
y3 =
        1
y4 =
        1.7321
y5 =
        1.0000 - 1.7321i
```

5.8 坐标轴转换

1. 平面坐标转换

（1）cart2pol：将直角坐标转换为极坐标；

（2）pol2cart：将极坐标转换为直角坐标。

2. 立体坐标转换

（1）cart2sph：将直角坐标转换为球坐标；

（2）sph2cart：将球坐标转换为直角坐标。

例 5.26 设计一程序，将直角坐标 $p(3,4)$ 转换成极坐标形式。

在命令窗口中输入：

```
>> clear;
>> clc;
>> [a,rad] = cart2pol(3,4);
>> angle = a.*180/pi        %将弧度转换成角度
>> rad                      %与原点的距离
```

在命令窗口中显示：

```
angle =
        53.1301
rad =
        5
```

例 5.27 设计一程序，将立体坐标系中 $p(1,\sqrt{3},2)$ 转换成球坐标。

在命令窗口中输入：

```
>> clear;
>> clc;
>> [a,b,rad] = cart2sph(1,3^(1/2),2);
>> angle = a.*180/pi        %将弧度转换成角度
>> beta = b.*180/pi         %将弧度转换成角度
>> rad                      %球半径
```

在命令窗口中显示：

```
angle =
```

```
    60.0000
beta =
    45.0000
rad =
    2.8284
```

5.9 特殊函数

在 MATLAB 中除了基本常用的函数之外还有许多的特殊函数（见表 5 - 6），这些特殊函数的范围相当广泛，对于各行各业的人来说，他们所研究的领域不同，所需要的函数也不同。这里针对经常利用在数字信号处理的函数做一些详细的介绍。

表 5 - 6 特殊函数和说明

函数	说明	函数	说明
square	产生方波	fft	计算快速离散傅里叶变换
sawtooth	产生锯齿波	fftshift	调整 fft 函数的输出序列，将零频位置移到频谱中心
sinc	产生 sinc 函数波形		
diric	产生 dirichiet 函数图形	ifft	计算快速离散傅里叶反变换
rectpuls	产生非周期方波	conv	求卷积
tripuls	产生非周期三角波	impz	求数字滤波器的冲击响应
pulstran	产生脉冲序列	zplane	绘制离散系统的零极点图
chirp	产生调频余弦波	filter	求滤波器响应
abs	计算向量的幅度值向量	angle	计算向量的相位向量

1. square 函数

square 函数的调用方式如下：

```
x = A * square(t);          %产生周期为 2π,幅度最大值为 ±A 的方波
x = A * square(t,duty);      %产生周期、幅度同上,duty 为占空比
```

例 5.28 利用 square 函数产生周期为 2π，占空比分别为 50% 和 30% 的方波。

在命令窗口中输入：

```
>> clear;
>> clc;
>> t = 0:0.001:8 * pi;
>> y1 = (1/2) * square(t);
>> y2 = (1/2) * square(t,30);
>> subplot(1,2,1);plot(t,y1);
>> subplot(1,2,2);plot(t,y2);
```

运行结果如图 5 - 17 所示。

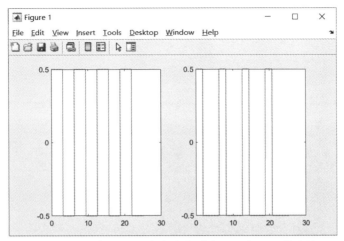

图 5 - 17　周期为 2π、占空比分别为 50% 和 30% 的方波

当存储 M 文件，并设置 M 文件名时，不能完全是数字，或者在字母与数字之间加 "-" 等，如果这样，MATLAB 将会弹出窗口提示文件名必须以字母开头，并且仅包含字母、数字或下划线，否则 MATLAB 将无法运行该文件。这时可以修改文件名，再运行时就能得出所需的图像。

2. sawtooth 函数

sawtooth 函数的调用方式如下：

```
x = A * sawtooth(t);          %产生周期为 2π、幅度最大值为 ±A 的锯齿波
x = A * sawtooth(t,width);     %参数 width 表示一个周期内最大值的位置,是该
                                位置横坐标和周期的比值。该函数根据 width
                                的不同产生不同形状的三角波
```

例 5.29　利用 sawtooth(t) 函数产生锯齿波和三角波。

在命令窗口中输入：

```
>> clear;
>> clc;
>> t = 0:0.001:8 * pi;
>> y1 = (1/2) * sawtooth(t);
>> y2 = (1/2) * sawtooth(t,0.5);
>> subplot(2,1,1);plot(t,y1);
>> subplot(2,1,2);plot(t,y2);
```

运行结果如图 5 - 18 所示。

当出现 "Unrecognized function or variable '函数名'." 时，说明 MATLAB 中不存在这种函数，这种函数需要你自己定义，这时你可能写错了函数名。

3. sinc 函数

sinc 函数的调用方式如下：

```
x = A * sinc(t);     %产生 sinc 函数波形
```

例 5.30　绘制抽样信号波形。

在命令窗口中输入：

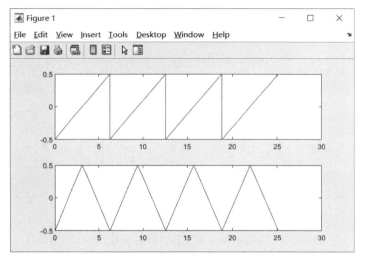

图 5 - 18　**sawtooth**(*t*) 函数产生的锯齿波和三角波

```
>> clear;
>> clc;
>> t = -8*pi:0.001:8*pi;
>> y = 2*pi * sinc(t/(2*pi));      %该函数为抽样信号
>> plot(t,y);
```
运行结果如图 5 - 19 所示。

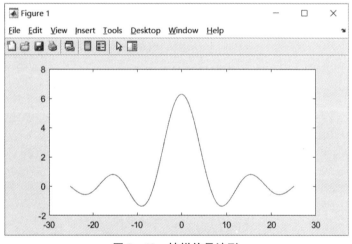

图 5 - 19　抽样信号波形

4. diric 函数

diric 函数的调用方式如下：

```
x = A*diric(t,n);     %当 n 为奇数时,函数周期为 2π,当 n 为偶数时,函数周期为
                          4π,n=1 时函数为常值函数
```

例 5.31　当 n 取不同值时，diric 产生的函数图形。

在命令窗口中输入：

```
>> clear;
```

```
>> clc;
>> t = 0:0.001:8 * pi;
>> y1 = (1/2) * diric(t,1);
>> y2 = (1/2) * diric(t,2);
>> y3 = (1/2) * diric(t,3);
>> subplot(3,1,1);plot(t,y1);
>> subplot(3,1,2);plot(t,y2);
>> subplot(3,1,3);plot(t,y3);
```

运行结果如图 5 – 20 所示。

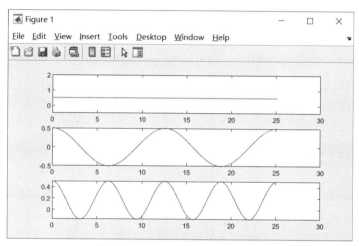

图 5 – 20　diric 函数产生的图形

5. rectpuls 函数

rectpuls 函数的调用方式如下：

```
x = A * rectpuls(t);     %产生非周期、高度为 A 的矩形波,方波的中心在 t = 0 处
x = A * rectpuls(t,w);   %产生非周期、高度为 A、宽度为 w 的矩形波
```

例 5.32　产生长度为 16π、宽度为 18 的非周期矩形波。

在命令窗口中输入：

```
>> clear;
>> clc;
>> t = -8 * pi:0.001:8 * pi;
>> y = (1/2) * rectpuls(t,18);
>> plot(t,y);
```

运行结果如图 5 – 21 所示。

6. tripuls 函数

tripuls 函数的调用方式如下：

```
x = A * tripuls(t);           %产生非周期、单位高度的三角波,三角波的
                               中心位置在 t = 0 处
x = A * tripuls(t,width);     %产生宽度为 width 的三角波
x = A * tripuls(t,width,s);   %产生倾斜度为 s 的三角波
```

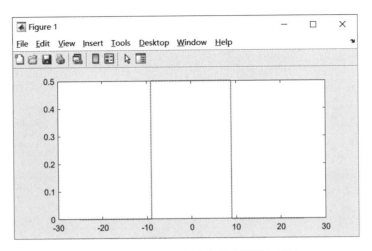

图 5 – 21 **rectpuls** 函数产生的非周期矩形波

例 5. 33 利用 tripuls 函数产生长度为 8π、宽度为 10、倾斜度分别为 0 和 0. 8 的非周期三角波。

在命令窗口中输入：

```
>> clear;
>> clc;
>> t = -4 * pi:0.001:4 * pi;
>> y1 = (1/2) * tripuls(t,10);
>> y2 = (1/2) * tripuls(t,10,0.8);
>> subplot(2,1,1);plot(t,y1);
>> subplot(2,1,2);plot(t,y2);
```

运行结果如图 5 – 22 所示。

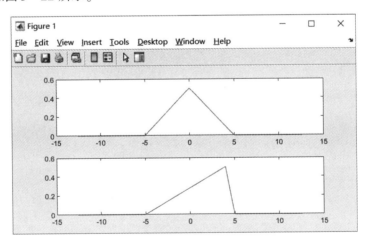

图 5 – 22 **tripuls** 函数产生的非周期三角波

7. pulstran 函数

pulstran 函数的调用方式如下：

```
x = A * pulstran(t,d,'func');
```

其中，参数 func 可用各种函数表示，例如 tripuls、rectpuls 等。函数产生以 d 为采样间隔的 func 指定形状的冲击波。

```
x = A * pulstran(t,d,'func',p1,p2);      %将 p1、p2 传递给指定的 func 函数
x = A * pulstran(t,d ,p,fs);             %生成一个脉冲序列,该脉冲序列是
                                          向量 p 中原型脉冲的多个延迟插值
                                          的总和,以速率 fs 采样
```

例 5.34　设计一程序，利用 pulstran 函数产生三角波冲击串和非周期矩形波。

在命令窗口中输入：

```
>> clear;
>> clc;
>> t  = 0:0.001:1
>> d  = 0:1/3:1;
>> y1 = (1/2) * pulstran(t,d,'tripuls');
>> y2 = (1/2) * pulstran(t,d,'rectpuls');
>> subplot(2,1,1);plot(t,y1);
>> subplot(2,1,2);plot(t,y2);
```

运行结果如图 5 - 23 所示。

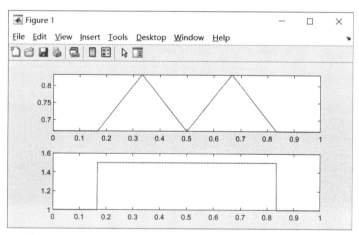

图 5 - 23　**pulstran** 函数产生的三角波冲击串和非周期矩形波

8. chirp 函数

chirp 函数的调用方式如下：

```
x = chirp (t,f0,t1,f1);          %产生线性调频余弦信号。f0 和 f1 分别为 t
                                  和 t1 对应的频率
x = chirp (t,f0,t1,f1,method);   %method 表示不同的扫描方式,可取 linear、
                                  quadratic、logarithmic 三种方式
```

例 5.35　设计程序，利用 chirp 函数产生二次扫描信号并绘制出时域波形和时频图。

在命令窗口中输入：

```
>> clear;
>> clc;
```

```
>> t = 0:0.001:1;
>> t1 = 1;
>> f0 = 20;
>> f1 = 80;
>> y = chirp(t,f0,t1,f1,'quadratic');
>> subplot(2,1,1);plot(t,y);
>> subplot(2,1,2);
>> specgram(y,128,1e3,128,120);
```

运行结果如图 5 - 24 所示。

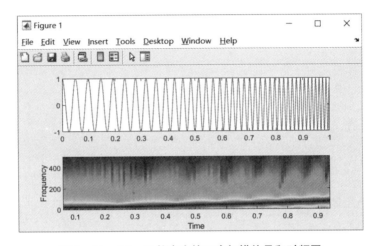

图 5 - 24　chirp 函数产生的二次扫描信号和时频图

9. fft 函数

fft 函数的调用方式如下：

y = fft(x);　%计算 x 的快速傅里叶变换。当 x 为 2 的幂时,用基 2 算法,否则用分裂算法

y = fft(x,n);　%计算 n 点的傅里叶变换,当 length(x) >n 时,以 n 为长度截短 x,当 length(x) <n 时,利用补 0 以达到长度 n

例 5.36　设计程序, 产生一个频率为 50 Hz 的正弦信号, 利用 fft 函数计算并绘制出幅度谱。

在命令窗口中输入：

```
>> clear;
>> clc;
>> fs = 1000;
>> t = 0:1/fs:1;
>> y = sin(2 * pi * 50 * t);
>> specty = abs(fft(y));
>> f = (0:length(specty) -1) * fs /length(specty);
>> plot(f,specty);
```

运行结果如图 5 - 25 所示。

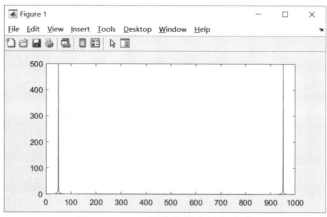

图 5 - 25　**fft** 函数绘制出的幅度谱

10. **fftshift** 函数

fftshift 函数的调用方式如下：

```
y = fftshift(x)    %如果 x 为向量时,fftshift(x)直接将 x 的左右两部分对换,
                     如果 x 为矩阵,则将 x 的四个象限对角对换
```

例 5.37　设计程序使产生一个频率为 50 Hz 的正弦信号，采样频率为 1 000 Hz，利用 fftshift 函数将其零频点搬到频谱中心。

在命令窗口中输入：

```
>> clear;
>> clc;
>> fs = 1000;
>> t = 0:1/fs:1;
>> x = sin(2 * pi * 50 * t);
>> y = fft(x);
>> z = fftshift(y);
>> subplot(2,1,1);plot(abs(y));
>> subplot(2,1,2);plot(abs(z));
```

运行结果如图 5 - 26 所示。

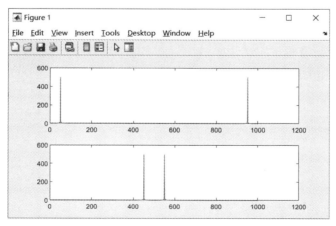

图 5 - 26　**fftshift** 函数将其零频点搬到频谱中心

11. ifft 函数

ifft 函数的调用方式如下:

```
y = ifft(x);          %计算 x 的傅里叶反变换
y = ifft(x,n);        %计算 n 点的傅里叶反变换,当 length(x) > n 时,以 n 为
                        长度截短 x;当 length(x) < n 时,利用补 0 以达到长度 n
```

例5.38 绘制出方波信号的傅里叶反变换。

在命令窗口中输入:

```
>> clear;
>> clc;
>> x = [1 1 1 1 1 0 0 0 0 0];
>> y = ifft(x,128);
>> z = fftshift(y);
>> subplot(3,1,1);plot(x);
>> subplot(3,1,2);plot(abs(y));
>> subplot(3,1,3);plot(abs(z));
```

运行结果如图5-27所示。

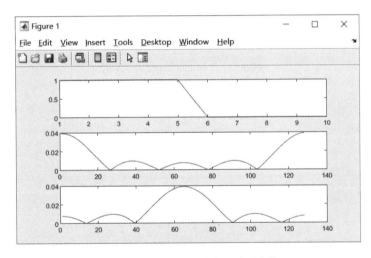

图5-27 方波信号的傅里叶反变换

12. conv 函数

conv 函数的调用方式如下:

```
y = conv(a,b);        %计算 a、b 的卷积
```

例5.39 利用 conv 函数求两个向量的卷积。

在命令窗口中输入:

```
>> clear;
>> clc;
>> a = [2 5 8];
>> b = [1 1 1 0 0 0];
>> conv(a,b)
```

在命令窗口中显示：

```
ans =
     2    7    15    13    8    0    0    0
```

13. impz 函数

impz 函数的调用方式如下：

```
[h,t] = impz(b,a);    %b、a 分别为系统传递函数的分子分母的系数向量,求出系
                        统的冲击响应 H(t)
```

例 5.40 设计程序计算线性系统的冲激响应。

在命令窗口中输入：

```
>> clear;
>> clc;
>> a = [0.2,0.1,0.3,0.1,0.15];
>> b = [1,-1,1.4,-0.6,0.3];
>> impz(a,b,50)
```

运行结果如图 5 - 28 所示。

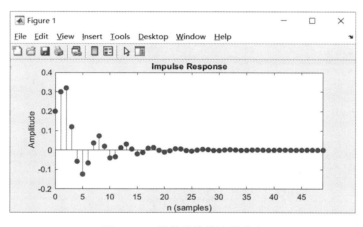

图 5 - 28　线性系统的冲激响应

14. zplane 函数

zplane 函数的调用方式如下：

```
zplane(b,a);    %b、a 分别为系统传递函数的分子分母的系数向量,绘制零极点图
```

例 5.41 设计程序计算线性系统 (a, b) 的零点、极点。

在命令窗口中输入：

```
>> clear;
>> clc;
>> a = [0.2,0.1,0.3,0.1,0.15];
>> b = [1,-1,1.4,-0.6,0.3];
>> zplane(a,b);
>> legend('零点','极点');
```

运行结果如图 5 - 29 所示。

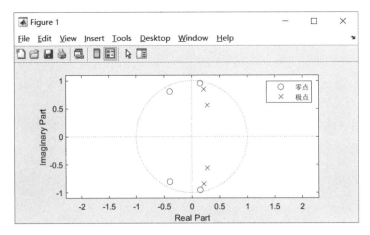

图 5 – 29   线性系统 (a, b) 的零点、极点

15. abs 函数

abs 函数的调用方式如下：

```
y = abs(x);      %求 x 向量的幅度值向量 y
```

例 5.42   设计程序，绘制一个余弦信号的傅里叶变换的幅度谱。

在命令窗口中输入：

```
>> clear;
>> clc;
>> t = 0:1/99:1;
>> x = cos(2 * pi * 80 * t);
>> y = fft(x);
>> plot(abs(y))
```

运行结果如图 5 – 30 所示。

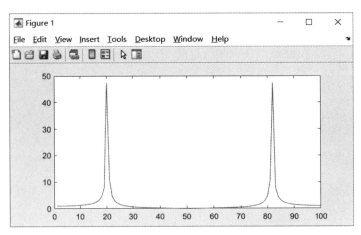

图 5 – 30   余弦信号的傅里叶变换的幅度谱

16. angle 函数

angle 函数的调用方式如下：

```
y = angle(x);          %求向量 x 的相位向量 y
```

例 5.43 设计程序,绘制方波信号的正弦相频特性。

在命令窗口中输入:

```
>> clear;
>> clc;
>> x = [0 0 0 1 1 1];
>> y = fft(x,128);
>> z = unwrap(angle(y));
>> plot(z);
```

运行结果如图 5 − 31 所示。

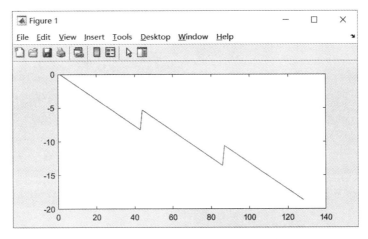

图 5 − 31 方波信号的正弦相频特性

17. filter 函数

filter 函数的调用方式如下:

```
y = filter(b,a,x);          %b、a 分别为系统传递函数的分子分母系数向量,求输
                             入信号 x 经过滤波器系统后的输出信号
[y,zf] = filter(b,a,x);     %求最终的状态向量
[ ] = filter(b,a,x,z);      %设定滤波器的初始条件 z
```

例 5.44 计算低通滤波器的冲激响应。

在命令窗口中输入:

```
%计算低通滤波器的冲激响应
>> clear;
>> clc;
>> x = [1,1,zeros(1,100)];    %产生 x = [1 1 0 0 0......]的一维矩阵
>> [b,a] = cheby1(11,1,.4);
>> y = filter(b,a,x);
>> impz(y);
```

运行结果如图 5 − 32 所示。

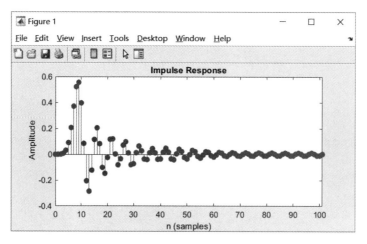

图 5 – 32   低通滤波器的冲激响应

5.10   函数的定义

MATLAB 中提供了丰富的数学函数，其实这些函数也是通过在文件中定义出来的，本小节给大家介绍基本的数学函数是如何定义的。

例 5.45   *设计程序，定义一个求 x 绝对值的函数。*

在命令窗口中输入：

```
function y = fabs(x) % 求绝对值
if x > = 0
  y = x;
else
  y = -x;
end
```

关于函数的定义一定要在 M 文件中定义，如果我们直接在命令窗口中输入上面的代码，会出现这样的错误：

```
function y = fabs(x)        % 求绝对值
       ↑
Error: Function definition are not supported in this context.Functions
can only be created as local or nested functions in code files.
```

这是提示我们函数的定义不允许直接写在命令窗口。首先我们可以新建一个 M 文件，将上面的代码写下，然后保存。注意：保存文件的时候文件名一定要与函数名相同，即以 fabs 为文件名。以后 $fabs(x)$ 就成了与 $sin(x)$ 等用法一样的数学函数了。

例 5.46   *定义一个函数，求出一个矩阵的最大值并找出最大值的位置标号。*

在命令窗口中输入：

```
>> clear;
>> clc;
>> a = [2,3,4;3,5,8];
```

```
>> b = max(a)                %b 同样为一个一维矩阵
>> c = max(b)
>> [i,j] = find(c = =a)      %找出最大值的标号
```

在命令窗口中显示：
```
b =
     3     5     8
c =
     8
i =
     2
j =
     3
```

这个例子中我们要接触到 max 函数和 find 函数。max 函数的作用是求出多维矩阵中每一列的最大值，而对于一维矩阵则求出这一行的最大值。find 函数的作用从下面例子中可以看出。

例 5.47　将上面例子的功能直接用一个函数定义出来，即求矩阵的最大值和最大值的标号。

以 M 文件形式编辑：
```
%求矩阵的最大值 m 以及最大值的标号(i,j)
function abc(A);             %A 为矩阵
b = max(A);
m = max(b)
[i,j] = find(m = =A)         %找出最大值的标号
```
直接输入 “x = [6,3,8;2,4,9];abc(x)” 后，在命令窗口中显示：
```
m =
     9
i =
     2
j =
     3
```
A 表示的是一个矩阵变量，不能输入一个常量，否则函数的定义就没有意义了。

5.11　数学函数的图形

MATLAB 在绘制函数图形上提供了相当多的指令，用以绘制各种常数、变数、双变数的函数图形，这些我们将在后面做详细介绍。在本节中，我们介绍一个较为基本的指令——fplot，并提供例题解说。

fplot 指令：绘制指定函数式的图形。

用法：fplot('func',[a,b])

说明：用以绘制函数 func 在区间 $[a, b]$ 的图形。

例 5.48　设计程序，绘制 x 在 -33 到 13 的 x^2 特性曲线图。

在命令窗口中输入：

```
>> clear;
>> clc;
>> fplot('x.^2',[-33,13]);
```

运行结果如图 5 - 33 所示。

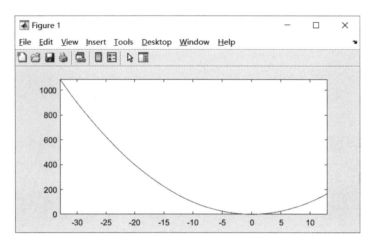

图 5 - 33 x 在 - 33 到 13 的 x^2 特性曲线图

※MATLAB 与航天工程

例 5.49   火箭发射过程中，需要随时与地面保持联系，调制与解调是通信领域的重要内容。假设火箭要向地面发射一个持续 1 s 的正弦波信号 $x = \sin(2\pi \times 5t) + 2$，模拟对其使用 100 Hz 的载波信号进行幅度调制，以及在地面对其进行解调的过程。采样信号取 1 000 Hz，不考虑噪声等干扰。

MATLAB 中，对于调制解调问题有专用的函数，如幅值调制（ammod）与解调（amdemod）。

运行程序：

```
>>Fs = 1000;              %采样信号1000 Hz
>>Fc = 100;               %载波信号100 Hz
>>T = 1;
>>dt = T/Fs;
>>t = 0:dt:T;             %亦可使用t = linspace(0,T,Fs);
>>x = sin(2*pi*5*t)+2;
>>subplot(3,1,1)
>>plot(t,x)
>>x1 = ammod(x,Fc,Fs);    %将信号x(t)调幅到以Fc为频率的载波上,采样频率
                          为Fs,函数amdemod同理进行解调
>>subplot(3,1,2)
>>plot(t,x1)
```

```
>>y = amdemod(x1,Fc,Fs);
>>subplot(3,1,3)
>>plot(t,y)
```
运行结果如图 5 – 34 所示。

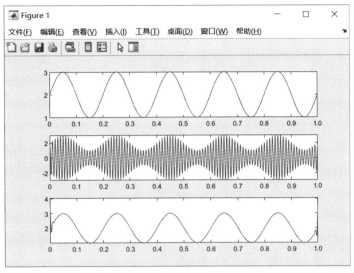

图 5 – 34　$x(t)$ 幅值调制与解调

本章小结

本章主要介绍了数值信号处理中比较常用的一些函数以及定义简单的一些函数，通过本章的学习，读者应该对 MATLAB 的操作更加熟悉了，并且能够掌握：

（1）数学表达式在 MATLAB 中的实现。

（2）基本的数值处理，如四舍五入、取整等。

（3）对复变函数的简单处理。

（4）特殊函数的应用。

（5）以第 4 章程序设计的基础，可以定义属于自己的特定功能的函数。

表 5 –7 为本章函数汇总表。

表 5 –7　本章函数汇总

说明	位置
基本函数和指令	表 5 – 1
三角函数与反三角函数	表 5 – 2
双曲三角函数与双曲反三角函数	表 5 – 3
常用的数值处理函数	表 5 – 4
处理复数的函数	表 5 – 5
特殊函数	表 5 – 6

习　　题

1. 已知 $x = 128$，请计算下列各题的 y 值，并绘出曲线图。

（1）$y = \mathrm{e}^x$

（2）$y = \ln(x)$

（3）$y = \mathrm{e}^x \log(x)$

（4）$y = 1/\mathrm{e}^x$

（5）$y = 1/\log(x)$

（6）$y = \log_{10}(x)$

（7）$y = \log_2(x)$

2. 请思考下列程序，分析每一条语句，说明原因。

```
clear;
x = -10:0.01:10;
plot(log(x));
```

3. 请思考下列程序，分析每一条语句，说明原因。

```
clear;
x = -10:0.01:10;
plot(exp(x));
```

4. 请思考下列程序，分析每一条语句，说明原因。

```
clear;
x = 0:0.01:10;
y = sin(x). * exp( -x/10);
plot(y);
```

5. 请思考下列程序，分析每一条语句，说明原因。

```
clear;
x = 0:0.01:50;
y = sin(x). * log( -x/10);
plot(y);
```

6. 请自行设计一个求 x^3 的函数 s3，并调用此函数求 $y = x^3 + x^2 + x$ 的曲线图。

7. 算矩阵 $\boldsymbol{x} = [-6, -5, 12, 0.3]$ 的 abs、sign、sqrt 值。

8. 在同一副图中绘制出 x 在 1 到 100 之间时 $\log(\log_2(x))$、$\log_{10}(\log x)$、$\log_2(\log_{10}(x))$ 三幅图形。

9. 绘制出 $y = x\sin(x^2)$（$x \in (0,10)$）的图形。

10. 同时绘制出 $\tan(x)$、$\cot(x)$ 的函数图形。

11. 同时绘制出 $\operatorname{atan}(x)$、$\operatorname{acot}(x)$、$\operatorname{asec}(x)$、$\operatorname{acsc}(x)$ 的函数图形。

12. 用 MATLAB 验证基本的三角函数运算公式：$\sin(x + y) = \sin(x)\cos(y) + \cos(x)\sin(y)$。

13. 将正弦函数和余弦函数与 x 轴包围的区域填满，用不同的颜色填充。

14. 绘制出 $y = \sin(\cos(x))\exp(x/10)$ 的针状图。

15. 求出能被 100 整除的数。

16. 设 $z = a + i * b$，已知 a、b 为矩阵，设计程序求：

（1）z 在复数平面中的绝对值大小；

（2）z 在复数平面中的相位角；

（3）z 的实数部分；

（4）z 的虚数部分；

（5）z 的共轭复数。

17. 用 square 函数产生一个周期为 4、峰值为 2、占空比为 35% 的方波信号。

18. 请绘制出函数 $y = \sin(2\pi f_1) + \cos(2\pi f_2)$ 的傅里叶幅度谱和相位谱。其中 $f_1 = 20$ Hz，$f_2 = 80$ Hz。

19. 一个线性系统的单位冲激响应为 $h = [1, 1, 0, 2]$，绘制出一个频率为 50 Hz 的余弦波通过该线性系统后的幅度谱和相位谱。

第 6 章

函数的绘图

我们知道，表达一个数学函数的重要方法就是图像法。将一个函数表达式用图像的方法表示出来显得更加直观，更加形象生动，从图像上我们可以轻而易举地判断函数的连续性、单调性，可以很容易地找到函数的零点和极点，因此，作出函数的图像是很重要的。而 MATLAB 拥有非常强大的函数绘图功能，并且非常好用，给工程人员带来了极大的方便，这是别的高级的编程语言所望尘莫及的。

本章将首先罗列 MATLAB 中常用的绘图指令，对其的语法和用法加以说明，之后将通过大量的例子来加深对这些指令的理解。

6.1　绘图指令语法和说明

1. plot：绘制线形图

语法：A. plot(x)

　　　B. plot(x,y)

　　　C. plot($x,y,'s'$)

　　　D. plot($x_1,y_1,'s_1',x_2,y_2,'s_2',x_3,y_3,'s_3'\cdots$)

说明：A. plot(x)表示以内建向量为自变量，x 向量的元素为对应的因变量作线形图。其中内建向量元素为 1 到 n，n 为 x 向量的元素个数。

B. plot(x,y)表示以 x 向量的元素为自变量，y 向量的元素为因变量作图。

C. plot($x,y,'s'$)在第二种表达式的基础上添加了参数 s，其两侧加上了单引号，s 的取值以及其对应的含义见表 6 - 1。当 s 取表 6 - 1 中的值时，图形显示出对应的颜色，当 s 取表 6 - 2 中的值时，图形的标记发生变化，其中在取点形、小点形、实线、点画线、虚线时会自动用折线将分立的点连起来，而其余的只在图中对应值处画出离散的点。

D. plot($x_1,y_1,'s_1',x_2,y_2,'s_2',x_3,y_3,'s_3'\cdots$)表示分别以 x_1 与 y_1、x_2 与 y_2 等相对应的值作图。

表 6 - 1　s 的取值以及其对应的颜色

取值	助记	含义
b	blue	蓝色
c	cyan	青绿色

取值	助记	含义
g	green	绿色
k	black	黑色
m	magenta	深红色
r	red	红色
w	white	白色
y	yellow	黄色

表 6 – 2 s 的取值以及其对应的点形

取值	助记	含义
d	diamond	钻石形
h	hexagram	六角形
o	circle	圆形
p	pentagram	五角形
s	square	方形
v	triangle（down）	下三角
.	point	点形
:	dotted	小点形
–	solid	实线
–.	dashdot	点画线
– –	dashed	虚线
+	plus	加号
*	star	星号
<	triangle（left）	左三角
>	triangle（right）	右三角
^	triangle（up）	上三角

2. fplot：绘出指定函数的图形

语法：fplot（'func'，[a,b]）

说明：fplot('func',[a,b])表示画出表达式为 func 的函数图形，其自变量取值范围限制在 [a, b] 上。

需要注意，使用 plot(x,y)时，x 和 y 都应是已经定义好的向量，且元素个数要相同，而使用 fplot('func',[a,b])时，只需给出函数表达式 func 和它的自变量的取值范围 [a, b] 即可，无须定义向量。

3. subplot：将视窗分割成几个子视窗

语法：subplot(p,q,a)

说明：该语句表示将视窗分成 $p \times q$ 的形式（p 行 q 列个子视窗），而 a 表示第 a 个子图，子图的排列顺序为从上到下、从左到右依次排列，a 的取值为 1 到 $p \times q$。

4. title：标记图像的标题

语法：title('caption','s1','s1value'…)

说明：caption 的内容即为标注在图形上的文字，s1 表示文字的不同属性，s1value 表示属性的值，例如 title('caption','color','b')表示把图形上文字的颜色设置成蓝色，在这里就不一一介绍了。

5. xlabel：标记 x 轴

语法：xlabel('xcaption','s1','s1value',…)

说明：xcaption 的内容即为标注在 x 轴旁边的文字，s1 用于设置属性，s1value 为属性的值。

6. ylabel：标记 y 轴

语法：ylabel('ycaption','s1','s1value',…)

说明：ycaption 的内容即为标注在 y 轴旁边的文字，s1 用于设置属性，s1value 为属性的值。

7. gtext：用鼠标指定文字的位置

语法：gtext('string')

说明：使用该语句后，图像中会出现一个光标，选中某一位置单击鼠标左键，单引号里的字符将原封不动地标记于单击处。

8. surface：画表面图形

语法：surface(x,y,z,t)

说明：表示把 x、y、z、t 所指定的平面加入当前坐标轴。

9. surf：画三维彩色表面图形

语法：surf(x,y,z,t)

说明：表示画出由 x、y、z、t 四个矩阵所定义的彩色表面。MATLAB 会根据矩阵 t 中的数据进行线性变换，以获得当前色图中可用的颜色。

10. mesh：画三维网状立体图

语法：mesh(x,y,z,t)

说明：其中 x、y、z 表示三个坐标轴，t 表示颜色矩阵。

11. line：绘制折线段

语法：A. line(x,y)

　　　　B. line(x,y,z)

说明：A. line(x,y) 表示在二维坐标系中画折线段，向量 x 对应于折线每个顶点的横坐标，向量 y 对应于折线每个顶点的纵坐标。

B. line(x,y,z) 表示在三维空间中画折线段，向量 x、y、z 分别对应于顶点的三种坐标。

12. bar：绘制直方图

语法：bar(x,y,width)

说明：其中 x 是一个递增或递减的向量，y 是一个 $p \times q$ 的矩阵。

13. stairs：绘制阶梯图

语法：stairs(x,y)

说明：以 x 向量为横坐标、y 向量为纵坐标绘制阶梯图。

14. figure：生成新的视窗

语法：A. figure

　　　　B. figure（n）

说明：A. figure 用于产生一个新的视窗，产生新视窗后，视窗将重新编号，而接下来所绘制的图形将会显示在最新的视窗里。

B. figure(n) 用于将编号为 n 的视窗调用出来，而接下来的作图都将在这个被调用的视窗中进行。

15. refresh：更新视窗

语法：refresh(n)

说明：对编号为 n 的视窗进行更新。

16. close：关闭视窗

语法：A. close

　　　　B. close(n)

　　　　C. close all

说明：A. close 表示关闭当前视窗。

B. close(n) 表示关闭编号为 n 的视窗。

C. close all 表示关闭所有视窗。

17. hold：保持图表

语法：A. hold on

　　　　B. hold off

说明：A. hold on 表示保持当前的图表，在这一张图表上继续添加以后要画的图形。

B. hold off 表示图表不进行保持。

18. grid：网格控制

语法：A. grid on

B. grid off

说明：A. grid on 表示在图表中加上网格以便于观察。

B. grid off 表示将图表中的网格去除。

19. clf：清除所有图形或图表

语法：clf

说明：clf 用于清除所有的图形或图表并清除相关的属性和变量。助记：clf（clear figure）；clc（clear command window）。

20. patch：粘贴图形

语法：patch(x,y,c)

说明：在向量 x 和向量 y 指定的地方粘贴图形，c 表示指定的颜色。

21. shading：设置遮光模式

语法：A. shading faceted

　　　B. shading flat

　　　C. shading interp

说明：A. shading faceted：默认模式，在曲面或图形对象上叠加黑色的网格线。

B. shading flat：是在 shading faceted 的基础上去掉图上的网格线。

C. shading interp：对曲面或图形对象的颜色着色进行色彩的插值处理，使色彩平滑过渡。

22. view：改变三维图形的观察视角

语法：view(a_1,a_2)

说明：其中 a_1 和 a_2 分别表示水平和垂直旋转角度。

通过上述介绍，相信读者对 MATLAB 的绘图指令有了一定的了解，初学者可能会觉得晦涩难懂，这都是正常的。下面我们将用大量的范例来加深读者对绘图指令的理解。

6.2　范例精粹

本节所引用的范例将都由 M 文件的形式给出，在命令窗口中调用 M 文件的过程将省略，直接给出运行结果。

例 6.1　设计程序，画出 $y=x^2$ 的函数图形，其自变量范围是 $[-5, 5]$。

M 文件内容如下：

```
clear
clc
x = -5:5;
y = x.^2;
plot(x,y)
```

运行结果如图 6-1 所示。

下面我们来解读一下这个程序。程序的第一条语句是 clear，第二条语句是 clc，在之后的例题中也都是如此，这是一个良好的习惯，希望读者养成。clear 表示清除所有变量，可以防止上一次操作留下的变量对本次试验造成影响；clc 表示清除屏幕上的所有内容，可以让本次试验的结果更加清楚地显示在命令窗口内，便于观察。

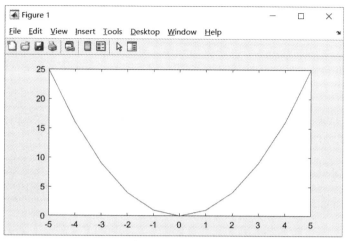

图 6-1　$y=x^2$ 在 $[-5, 5]$ 上的函数图像

本题中 x 的取值为 -5 到 5 的整数，注意 y 的值的计算为 $x.\hat{\ }2$，这在第 2 章运算符中已经介绍过，为阵列的计算，由于 x 为 1×11 的向量，则 y 也是 1×11 的向量，y 的每个元素则为对应 x 值的平方。用 $plot(x,y)$ 作图时，以 x 的值为横坐标，对应的 y 的值为纵坐标取点，即取 $(-5,25)$、$(-4,16)$、$\cdots$、$(4,16)$、$(5,25)$ 这些点，在图中标出之后，用线段将它们相连，便作出如上图形。

例 6.2　设计程序，画出 $y=x^2$ 的反函数的图形。

M 文件内容如下：

```
clear
clc
x = -5:5;
y = x.^2;
plot(y,x)
```

运行结果如图 6-2 所示。

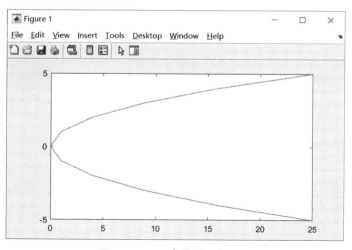

图 6-2　$y=x^2$ 的反函数图形

本题是上一题的变体，只是将 plot(x,y) 换成了 plot(y,x)，结果全然不同。plot(y,x) 表示以 y 的值为横坐标，x 对应的值为纵坐标取点作图，由数学的知识可以知道，作出的图像是 plot(x,y) 图像的反函数图像。

由上述两个例子可以看出，图形并不是数学上所绘制的平滑曲线，这是因为 x 和 y 都只取了 11 个分立的点，MATLAB 用线段将它们连接起来，因此图形为折线。如果将 plot(y,x) 改为 plot($y,x,'*'$)，则运行结果如图 6 – 3 所示。

从图中可以看出，结果为一些分立的星号，且 MATLAB 并不把这些点相连，此处读者需要注意。

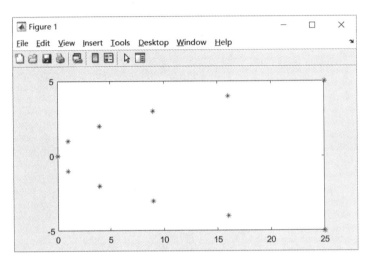

图 6 – 3　用星号表示的图形

例 6.3　设计程序，画出函数 $y = x^3 + 100$ 的图形，自变量范围是 $[-10,10]$。

M 文件内容如下：

```
clear
clc
x = -10:0.1:10;
y = x.^3 +100;
plot(x,y)
```

运行结果如图 6 – 4 所示。

从数学的角度来看，这个图形显然是正确的。与前面的例子有所区别，本题中的图形是一条平滑曲线，这是由于语句 $x = -10:0.1:10$ 表示从 -10 到 10 以间隔 0.1 取点，因此图中共取了 201 个点，每两点之间以线段相连，由数学中的极限思想，曲线上两点非常接近时，它们之间的线段可以与曲线近似，因此整体看上去图形是一条曲线。

同样需要注意这里的阵列运算 $x.^3$ 的运算符，如果写成 x^3 将会报出错误，读者在不断写程序的过程中应该不断总结，逐渐养成习惯。

例 6.4　设计程序，画出函数 $y = \sin(x)$ 的图形，自变量范围是 $[-5,5]$。

M 文件内容如下：

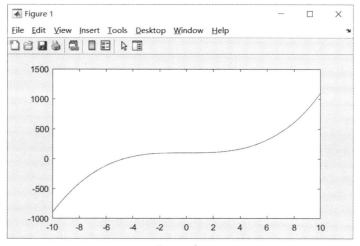

图 6 - 4　函数 $y = x^3 + 100$ 的图形

```
clear
clc
x = -5:0.1:5;
y = sin(x);
plot(x,y)
```

运行结果如图 6 - 5 所示。

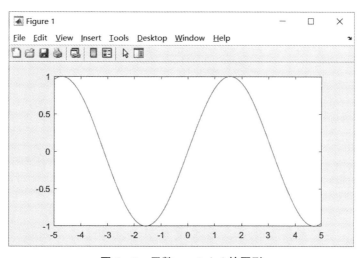

图 6 - 5　函数 $y = \sin(x)$ 的图形

这是一条正弦曲线，从这里我们可以看出 MATLAB 的巨大优势，如果想要用别的高级编程语言绘制一条正弦曲线将会非常麻烦，而对于 MATLAB 来说则只要三条语句，且可以灵活地规定取点数和自变量取值范围。

此处注意，三角函数 $\sin(x)$、$\cos(x)$、$\tan(x)$ 等对 x 进行的均是阵列运算。

例 6.5　用 fplot 指令画出函数 $y = \sin(x)$ 的图形，自变量范围是 $[-5,5]$。

M 文件内容如下：

```
clear
```

```
clc
fplot('sin(x)',[ -5,5])
```
运行结果如图 6 -6 所示。

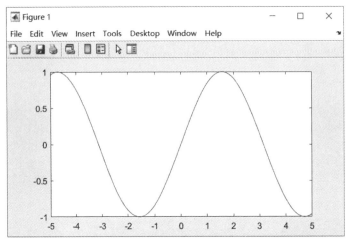

图 6 -6　使用 **fplot** 绘制出的函数 $y = \sin(x)$ 的图形

此例用于学习 fplot 的用法，本题中它有两个参数，第一个写在单引号中，为函数表达式，第二个参数为自变量取值范围，两者缺一不可。从这里可以看到，fplot 画图不需要定义自变量和因变量，因此非常方便。

例 6.6　设计程序，画出函数 $y = 10^{\cos(x)}$ 的图形，自变量范围是 $[0,4\pi]$。

M 文件内容如下：

```
clear
clc
x = 0:0.1:4 * pi;
y = 10.^cos(x);
plot(x,y)
```
运行结果如图 6 -7 所示。

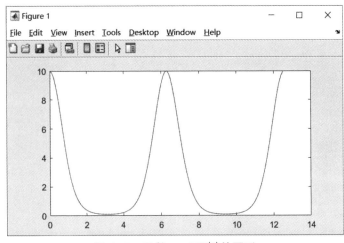

图 6 -7　函数 $y = 10^{\cos(x)}$ 的图形

这是指数函数和三角函数的复合函数，比较复杂，单凭想象力很难想象，只知道它是以 2π 为周期的，但是用 MATLAB 绘图，仍然只需要三条指令就可以轻松绘出图形。

MATLAB 在描述函数的时候其语言几乎和我们平常写的数学语言一样，只需注意要使用阵列的运算符即可。同理，读者可以尝试画出 $y = (\cos(x))^3$、$y = (\sin(x))^x$、$y = \cos(x)^{\sin(x)}$ 等复杂函数的图形。

例 6.7　用 fplot 指令画出函数 $y = 10^{\cos(x)}$ 的图形，自变量范围是 $[0,4\pi]$。

M 文件内容如下：

```
clear
clc
fplot('10^cos(x)',[0,4*pi])
```

运行结果如图 6 - 8 所示。

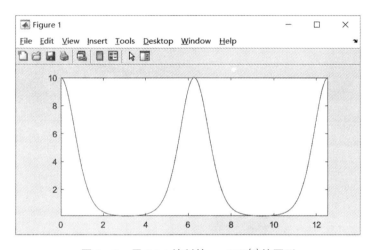

图 6 - 8　用 fplot 绘制的 $y = 10^{\cos(x)}$ 的图形

本例仍然用 fplot 指令实现与 plot 指令相同的功能。注意 fplot 单引号内的函数表达式是 $10^\cos(x)$ 而不是 $10.\hat{\ }\cos(x)$，这不是不符合阵列的运算规则了吗？其实在 fplot 中两种写法都是可以的，如果不考虑阵列的运算符写法，那么表达式就与数学中的写法一模一样了，足可见 MATLAB 的人性化设计。

例 6.8　设计程序，画出函数 $y = e^{\cos(x)}$ 的图形，自变量范围是 $[0,4\pi]$。

M 文件内容如下：

```
clear
clc
x = 0:0.1:4*pi;
y = exp(cos(x));
plot(x,y)
```

运行结果如图 6 - 9 所示。

这道题要画的仍然是指数函数和三角函数的复合，注意在程序中的写法，要写作 exp 的形式，从图中可以很直观地看出函数的周期性和单调性。

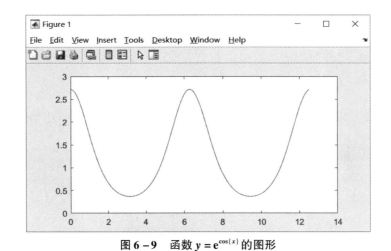

图 6 - 9   函数 $y = e^{\cos(x)}$ 的图形

例 6.9   使用 fplot 指令，画出函数 $y = e^{\cos(x)}$ 的图形，自变量范围是 $[0, 4\pi]$。
M 文件内容如下：

```
clear
clc
fplot('exp(cos(x))',[0,4*pi])
```

运行结果如图 6 - 10 所示。

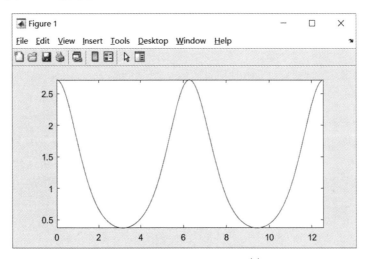

图 6 - 10   使用 **fplot** 绘制的 $y = e^{\cos(x)}$ 的图形

本道题仍然使用了 fplot 指令，注意点与上述相同，不加赘述。

例 6.10   设计程序，画出函数 $y = 0.5\sin(2x)$ 的图形，自变量范围是 $[0, 4\pi]$。
M 文件内容如下：

```
clear
clc
x = 0:0.1:4*pi;
y = 0.5*sin(2*x);
plot(x,y)
```

运行结果如图 6-11 所示。

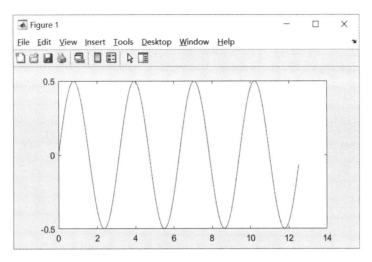

图 6 - 11　函数 $y = 0.5\sin(2x)$ 的图形

这道题需要注意的是函数在程序中的写法，$y = 0.5\sin(2x)$ 应写作 $y = 0.5 * \sin(2 * x)$，要注意乘号 "*" 不能少，否则会报错。从图中可以看出，函数的振幅是 0.5，周期是 π，若想要更清楚地看出曲线上的点所对应的值，可以使用指令 "grid on"，将网格打开，如图 6-12 所示。

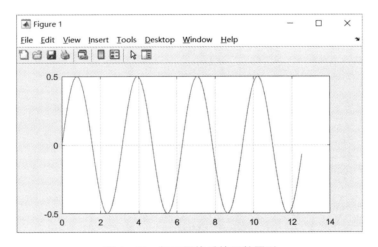

图 6 - 12　打开网格后的函数图形

若想把网格关闭，则输入 "grid off" 指令即可。

例 6.11　设计程序，画出函数 $y = \sin(x)\cos(x)$ 的图形，自变量范围是 $[0, 4\pi]$。

M 文件内容如下：

```
clear
clc
x = 0:0.1:4 * pi;
y = sin(x). * cos(x);
```

```
plot(x,y)
```
运行结果如图 6 – 13 所示。

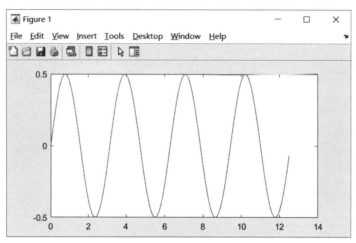

图 6 – 13　函数 $y = \sin(x)\cos(x)$ 的图形

由数学的知识我们知道，$\sin(2x) = 2\sin(x)\cos(x)$，即 $0.5\sin(2x) = \sin(x)\cos(x)$，通过以上两个例子，可以看出两个函数的图形相同，从而证实了这一结论。

例 6.12　设计程序，画出函数 $y = \dfrac{1}{x}$ 的图形，自变量范围是 $[-5, 5]$。

M 文件内容如下：

```
clear
clc
x = -5:0.1:5;
y = 1./x;
plot(x,y)
```
运行结果如图 6 – 14 所示。

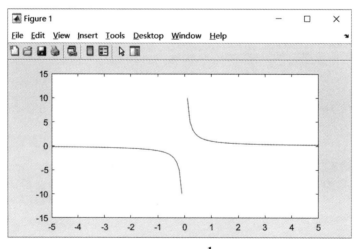

图 6 – 14　函数 $y = \dfrac{1}{x}$ 的图形

本道例题是画出函数 $y = \dfrac{1}{x}$ 的图形，这其中会涉及 0 的倒数的问题。0 的倒数在数学上是没有意义的，如果把程序中 $y = 1./x$ 后面的"；"去除，我们就可以看到 y 的取值，在 $x = 0$ 对应的地方，y 的取值是 Inf，在图形中，该点对应的值是无穷大，在较低版本的 MATLAB 中会提示错误信息"Warning：Divide by zero."，然而在 MATLAB R2021a 版本中则没有该提示。

例 6.13　设计程序，画出函数 $y = 4x^4 + 3x^3 + 2x^2 + x + 1$ 的图形，自变量范围是 $[-10, 10]$。

M 文件内容如下：

```
clear
clc
x = -10:0.1:10;
y = 4 * x.^4 + 3 * x.^3 + 2 * x.^2 + x + 1;
plot(x,y)
```

运行结果如图 6 – 15 所示。

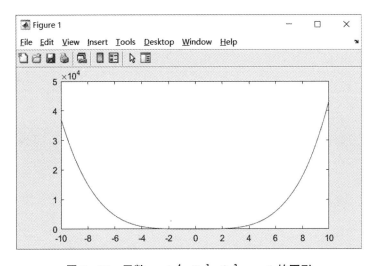

图 6 – 15　函数 $y = 4x^4 + 3x^3 + 2x^2 + x + 1$ 的图形

在图的左上角可以看到"$\times 10^4$"的字样，这是由于多项式中出现了 x 的四次方项，当 x 取 10 的时候，因变量的值将达到 10^4 数量级，而横轴的取值仍然为 10^1 数量级，若横纵坐标取相同的单位长度，画出的图形将会难以显示，因此 MATLAB 自动将纵坐标提取了 10^4，使图形看起来更加自然美观。

例 6.14　设计程序，画出函数 $y = \dfrac{1}{\sin(x)}$ 的图形，自变量范围是 $[-10, 10]$。

M 文件内容如下：

```
clear
clc
x = -10:0.1:10;
y = sin(x).^(-1);
plot(x,y)
```

运行结果如图 6 – 16 所示。

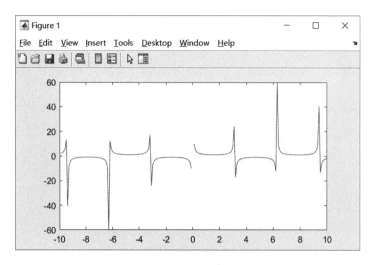

图 6 – 16　函数 $y = \dfrac{1}{\sin(x)}$ 的图形

由于 $\sin(x)$ 在 π 的整数倍的地方值为 0，因此 y 在 π 的整数倍的地方取值为无穷大，图中显示为一个个尖角。然而，读者会发现，这些尖角的幅度却不一样，这是怎么回事呢？原因是 MATLAB 中我们取的都是离散的点，不再像数学中都是以连续取值的自变量为讨论内容，以 $x = π$ 处的取值为例，本例中在 π 两侧 x 分别取 3.1000 和 3.2000，并不是关于 π 对称，对应的 y 的值则分别是 24.0496 和 – 17.1309，大小显然不一样，而在 2π 两侧的 x 的取值分别为 6.2000 和 6.3000，对应的 y 的值分别是 – 12.0352 和 59.4746，大小又和在 $x = π$ 附近的取值不一样，所以图形中幅值有所差别。如果在例 6.12 中，将 x 的取值改为 – 5：0.3：5，则由于 x 的取值不再关于原点对称，如图 6 – 17 所示。

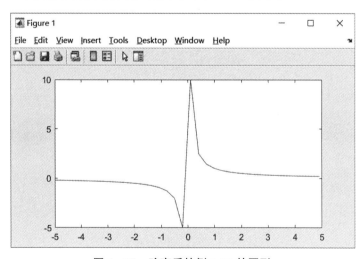

图 6 – 17　改变后的例 6.12 的图形

例 6.15　设计程序，画出函数 $y = \tan(x)$ 的图形，自变量范围是 [– 50,50]。
M 文件内容如下：

```
clear
clc
x = -50:0.1:50;
y = tan(x);
plot(x,y)
```

运行结果如图 6 - 18 所示。

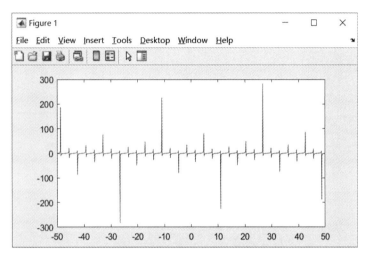

图 6 - 18　函数 $y = \tan(x)$ 的图形

由于 $\tan(x) = \dfrac{\sin(x)}{\cos(x)}$，因此 $\tan(x)$ 在 $x = \dfrac{\pi}{2} + k\pi$ 的地方没有意义，所以图中在这些点处出现了一个个尖角，而为何尖角的幅值不同？如果对上一个例题已经理解了，那么这道例题应该也理解了。

通过以上两个例子，我们可以看出，要想弄懂 MATLAB，必须了解其工作机理。

例 6.16　设计程序，画出函数 $y = e^{-0.5t}\cos(5t)$ 的图形，自变量范围是 $[0,20]$。

M 文件内容如下：

```
clear
clc
t = 0:0.1:20;
y = exp( -0.5 * t ). * cos(5 * t);
plot(t,y)
```

运行结果如图 6 - 19 所示。

这个图形是一个幅值越来越小的正弦函数，这在电子学中非常常见，可以表示一个稳定系统的输出电压随时间的变化，因此程序中的自变量改用 t 来表示时间。振幅以 e 的指数次方下降，并最终趋向于 0。

例 6.17　设计程序，画出函数 $y = e^{-0.5t}\cos(5t)$ 的图形，并加上标注，其中自变量 t 的取值范围是 $[0,50]$，图形上显示自变量的范围是 $[0,10]$，显示因变量的范围是 $[-5,5]$。

M 文件内容如下：

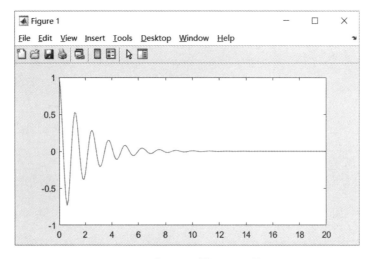

图 6 – 19   函数 $y = e^{-0.5t}\cos(5t)$ 的图形

```
clear
clc
t = 0:0.1:50;
y = exp( -0.5 * t). * cos(5 * t);
plot(t,y)
axis([0,10, -5,5])
xlabel('t')
ylabel('y')
title('graph17')
```

运行结果如图 6 – 20 所示。

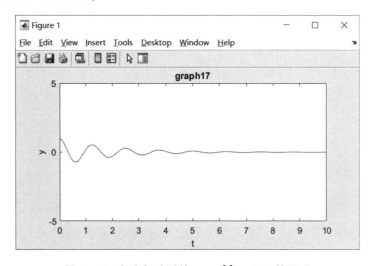

图 6 – 20   加上标注后的 $y = e^{-0.5t}\cos(5t)$ 的图形

　　这道例题中主要应关注 axis 指令的用法，它用于限制自变量和因变量的显示范围，axis 指令共有 4 个参数，axis($[a,b,c,d]$) 表示自变量的显示范围是 $[a,b]$，因变量的显示范围是 $[c,d]$。要注意参数的写法，外侧为小括号，内侧为中括号。

例 6.18 根据下列程序，探讨其运行的结果。

M 文件内容如下：

```
clear
clc
t = 0:0.1:20;
y = exp( -0.5 * t). * cos(5 * t);
z = y;
plot3(t,y,z)
axis('equal')
```

运行结果如图 6 – 21 所示。

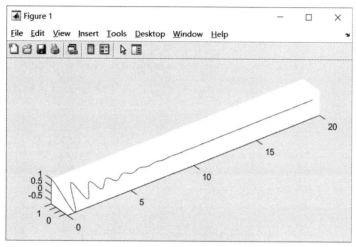

图 6 – 21 三维函数曲线图

此处 plot3(t,y,z)表示在空间直角坐标系内，以 t 为 x 轴的值、y 为 y 轴对应的值、z 为 z 轴对应的值取点作图，而 axis('equal')表示系统自动设定坐标轴的显示范围，以防止人为设定不当导致图形显示不佳。

例 6.19 在上一例题的基础上为三维图形加上标注。

M 文件内容如下：

```
clear
clc
t = 0:0.1:20;
y = exp( -0.5 * t). * cos(5 * t);
z = y;
plot3(t,y,z)
axis('equal')
xlabel('t')
ylabel('y')
zlabel('z')
title('graph19')
```

运行结果如图 6 – 22 所示。

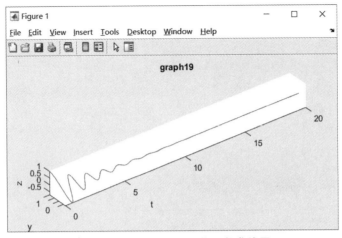

图 6 – 22 加上标注的三维函数曲线图

由标注的结果可以清楚地看出，x、y、z 轴对应的取值分别是变量 t、y、z。

例 6.20 设计程序，画出函数 $y = \ln(x)$ 的图形，自变量的取值范围是 $[0.01, 10]$。

M 文件内容如下：

```
clear
clc
fplot('log(x)',[0.01,10])
```

运行结果如图 6 – 23 所示。

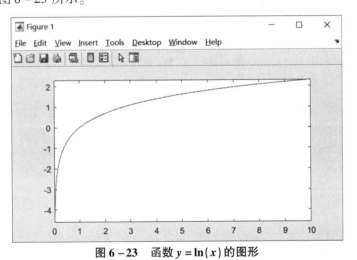

图 6 – 23 函数 $y = \ln(x)$ 的图形

由于对数函数的自变量取值范围是 $(0, +\infty]$，因此我们在这里取值 $[0.01, 10]$ 以避免取到 0，因为底数是 e，因此自变量取到 10 可使图像横纵坐标看起来比较美观。

例 6.21 设计程序，画出函数 $y = \lg(x)$ 的图形，自变量的取值范围是 $[0.01, 1\ 000]$。

M 文件内容如下：

```
clear
clc
fplot('log10(x)',[0.01,1000])
```

运行结果如图 6 – 24 所示。

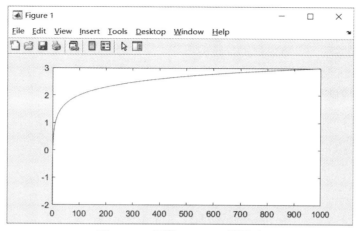

图 6 - 24　函数 $y = \lg(x)$ 的图形

本例使用 fplot 指令来画图，最重要的是选取合适的自变量范围，因为底数是 10，自变量需要取到 100，因变量的值才会变成 2，取到 1 000，因变量的值才会变成 3，所以自变量取值范围应设置得较大。

以上两个例子告诉我们，为了画出漂亮的图形，我们在编程时要选取合适的取值范围。

例 6. 22　根据下列的程序，探讨 surf 指令的用法。

M 文件内容如下:

```
clear
clc
s = [1,2,3;4,5,6;7,8,9];
surf(s)
xlabel('x')
ylabel('y')
zlabel('z')
title('graph22')
```

运行结果如图 6 - 25 所示。

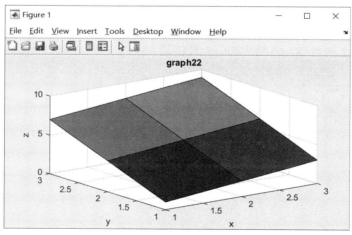

图 6 - 25　surf 指令的使用（一）

本例用于熟悉 surf 指令的用法，初看似乎难以理解，其实不然，例题中的矩阵共有 9 个元素，第一个元素对应于 $x=1$ 且 $y=1$ 的情况，其取值为 1，元素列标每增加 1，对应的点就往 x 轴的正方向移动一个单位长度，行标每增加 1，对应点的位置就往 y 轴正方向平移一个单位长度，例如元素 5 对应于 $x=2$ 且 $y=2$ 的点，元素的值即为图中点的高度，取完点之后再用线段连接，标以不同的颜色以示区分。

例 6.23 根据下列的程序，探讨 surf 指令的用法。

M 文件内容如下：

```
clear
clc
s = [1,2,3;4,3,6;7,8,9];
surf(s)
xlabel('x')
ylabel('y')
zlabel('z')
title('graph23')
```

运行结果如图 6 – 26 所示。

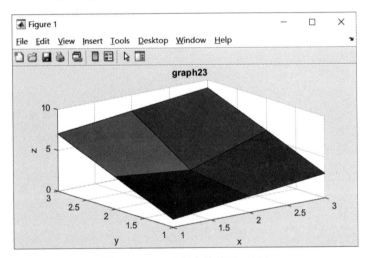

图 6 – 26 surf 指令的使用（二）

本例在例 6.22 的基础上将第 2 行第 2 列的元素 5 改成了 3，于是在 $x=2$，$y=2$ 的地方点的高度变成了 3，看起来好像凹下去了一样。

例 6.24 根据下列的程序，探讨 surf 指令的用法。

M 文件内容如下：

```
clear
clc
s = [1,2;3,4];
surf(s)
xlabel('x')
ylabel('y')
zlabel('z')
```

```
title('graph24')
```

运行结果如图 6 – 27 所示。

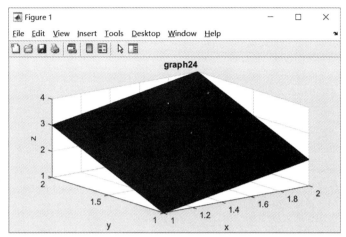

图 6 – 27　surf 指令的使用（三）

本题的矩阵维数从 3×3 变成了 2×2，但规则仍然和上述一样，因此画出来的只有四个点对应的图形。

例 6.25　根据下列程序，探讨 surf 指令的用法。

M 文件内容如下：

```
clear
clc
s = [2,2;2,2];
surf(s)
xlabel('x')
ylabel('y')
zlabel('z')
title('graph25')
```

运行结果如图 6 – 28 所示。

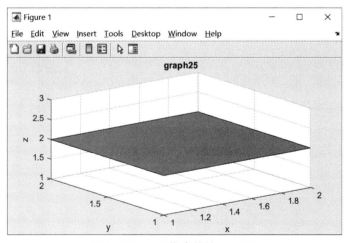

图 6 – 28　surf 指令的使用（四）

本例和上一例类似，4 个元素的值相同，图形应该是一个与 xOy 平面平行的四边形。

例 6.26 绘制基于自建函数的条形图，其中因变量 x 的取值范围是 $[-2,2]$，且 x 的取值间隔为 0.1。

M 文件内容如下：

```
clear
clc
x = -2:0.1:2;
bar(x)
```

运行结果如图 6-29 所示。

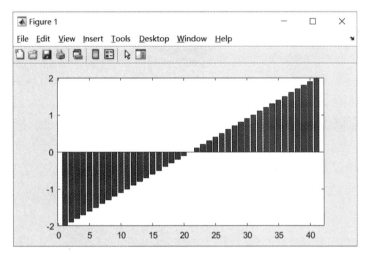

图 6-29　条形图的绘制

该例中 bar(x) 是基于内部自建函数的，x 的取值为 -2 到 2 以 0.1 为间隔的 41 个数，对应于图中的横坐标就是 1 到 41，每个横坐标都位于对应长条形的中线上。若加上 "grid on" 语句，则显示如图 6-30 所示。

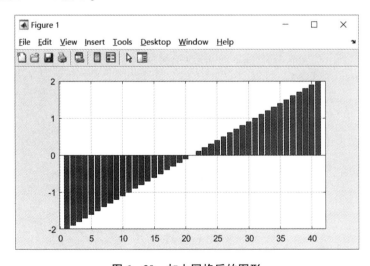

图 6-30　加上网格后的图形

从自变量为 5、10、15 等点的地方就可以清晰地看到网格线。

例 6.27 分别用 plot 和 bar 画出函数 $y = 3x^3 + 2x^2 + x + 1$ 的图形，其中 x 的取值范围是 $[-2,2]$，条形图是基于自建函数的，并比较普通绘图和条形图的差异。

M 文件内容如下：

```
clear
clc
x = -2:0.2:2;
y = 3 * x.^3 + 2 * x.^2 + x +1;
subplot(1,2,1)
plot(x,y)
subplot(1,2,2)
bar(y)
```

运行结果如图 6 – 31 所示。

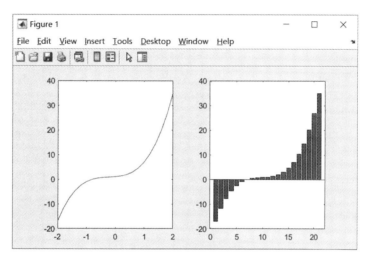

图 6 – 31 曲线图和条形图的对比

本例用于将线形图和条形图进行比较，可以看出，线形图是一条平滑的曲线，而条形图是一个一个分立的阶梯，但阶梯的轮廓和线形图一样，如果取每个长条形在因变量取值处的中点，依次以线段相连，便可得到与线形图相似的曲线。

这里首次使用了 subplot 语句，subplot(a,b,n) 表示把图形视窗分成 $a \times b$ 个子图，子图的编号从上到下，从左到右依次是 1 到 $a \times b$，参数 n 表示在第 n 个子图中作图。

例 6.28 观察下列程序，探讨 meshgrid 指令的用法。

M 文件内容如下：

```
clear
clc
x = [-1,0,1]
y = [-1,0,1]
[X,Y] = meshgrid(x,y)
```

运行结果如下：

```
x =
    -1     0     1
y =
    -1     0     1
X =
    -1     0     1
    -1     0     1
    -1     0     1
Y =
    -1    -1    -1
     0     0     0
     1     1     1
```

本例用于体会 meshgrid 指令的用法，meshgrid 共有两个返回值，对应于两个矩阵 **X**、**Y**，两个矩阵的对应元素对应于空间直角坐标系中 xOy 平面上的一系列点，以此例为例，相当于在 xOy 平面上绘出直线 $x = -1$，$x = 0$，$x = 1$，$y = -1$，$y = 0$，$y = 1$，这些直线的交点即为所取的平面上的一系列点，从而构成一个平面取值网格，取点显示如图 6 – 32 所示。

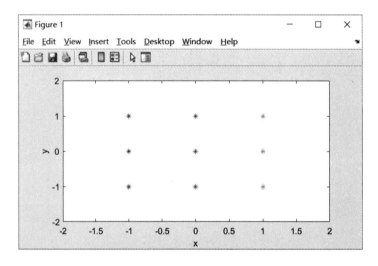

图 6 – 32　plot(X, Y) 显示的取点网格

本例正好为三维绘图做好了准备。

例 6.29　观察如下程序，体会 meshgrid 语句的用法，并熟悉画图指令 mesh。

M 文件内容如下：

```
clear
clc
x = 0:0.1:2 * pi;
y = 0:0.1:2 * pi;
[X,Y] = meshgrid(x,y);
Z = cos(X). * sin(Y);
mesh(X,Y,Z)              %画三维网状立体图
```

```
xlabel('x')
ylabel('y')
zlabel('z')
title('graph29')
```

运行结果如图 6 – 33 所示。

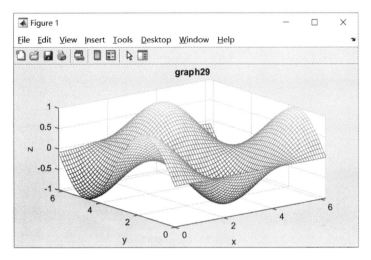

图 6 – 33 $z = \cos(x)\sin(y)$ 的立体特性曲线图

由例 6.28 可知，meshgrid 的作用是构造两个矩阵以形成网格，以便绘制三维曲线图，本例中 **X**、**Y** 分别是网格中格点的 x 轴坐标矩阵和 y 轴坐标矩阵，而 **Z** 则是三维曲线各点函数值对应的矩阵，从程序可以看出，**X**、**Y**、**Z** 三个矩阵维数是相同的。mesh 指令则是以 **X** 矩阵的元素值为 x 坐标、**Y** 矩阵的元素值为 y 坐标、**Z** 矩阵的元素值为 z 坐标取点连线作图。

例 6.30　观察下列程序，体会 mesh 指令的用法。

M 文件内容如下：

```
clear
clc
x = -2:0.1:2;
y = -2:0.1:2;
[X,Y] = meshgrid(x,y);
Z = sqrt(X.^2 + Y.^2);
mesh(X,Y,Z)
xlabel('x')
ylabel('y')
zlabel('z')
title('graph30')
```

运行结果如图 6 – 34 所示，该例与例 6.29 类似，在此不加赘述。

例 6.31　观察下列程序，体会 meshgrid 和 mesh 指令的用法。

M 文件内容如下：

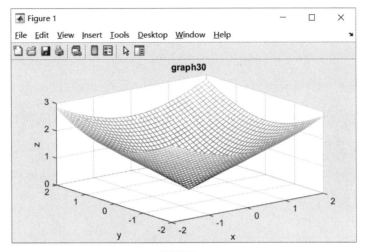

图 6 – 34　$z = \sqrt{x^2 + y^2}$ 的立体特性曲线图

```
clear
clc
x = 0:0.1:3;
y = (x-1).^2;
[X,Y] = meshgrid(x);
Z = (X-1).^2;
subplot(1,2,1)
plot(x,y)
subplot(1,2,2)
mesh(Z,X)
```

运行结果如图 6 – 35 所示。

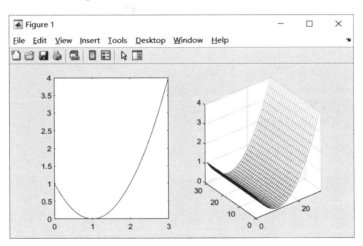

图 6 – 35　$y = (x-1)^2$ 的二维和三维曲线图

本例应注意 $[X,Y] = \text{meshgrid}(x)$ 指令和 $\text{mesh}(Z,X)$ 指令。读者可以在命令窗口中输入"help meshgrid"或者"help mesh"指令，则窗口中会显示出两种指令的用法和解释。从中可以知道，$[X,Y] = \text{meshgrid}(x)$ 等效于 $[X,Y] = \text{meshgrid}(x,x)$，那么就和上面两道例题相

同了，mesh$(\boldsymbol{Z},\boldsymbol{X})$则表示以 $\boldsymbol{Z}$ 矩阵的元素值为 z 轴坐标，若 $\boldsymbol{Z}$ 为 $m\times n$ 的矩阵，则 x 轴坐标范围为 1 到 n，y 轴坐标范围为 1 到 m，$\boldsymbol{X}$ 矩阵的元素值为颜色的取值，所以这里不能想当然地写成 mesh$(\boldsymbol{X},\boldsymbol{Z})$，否则图像如图 6 – 36 所示，结果是一个斜面，这是因为此处是以 $\boldsymbol{X}$ 矩阵的取值为 z 坐标值的，而 $\boldsymbol{Z}$ 矩阵的值仅表示颜色。

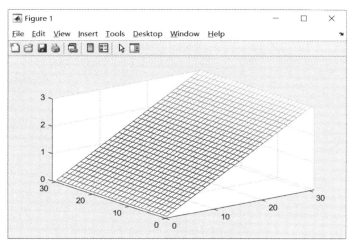

图 6 – 36　mesh$(\boldsymbol{X},\boldsymbol{Z})$的结果

例 6.32　观察下列程序，体会 meshgrid 和 mesh 指令的用法，并观察 x 取值变密后图形的变化。

M 文件内容如下：

```
clear
clc
x = 0:0.01:3;
[X,Y] = meshgrid(x);
Z = (X-1).^2;
mesh(Z,X)
```

运行结果如图 6 – 37 所示。

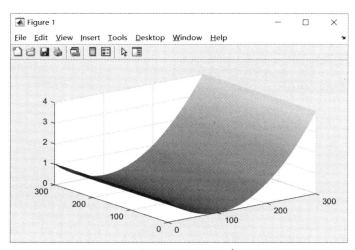

图 6 – 37　x 取值变密后 $y=(x-1)^2$ 的三维曲线图

本道例题和例 6.31 一样，只是例 6.31 中图形看起来是一个网状图，而本例中是一个曲面，这是因为 X 和 Y 的取值间隔都变成了 0.01，只有原来的十分之一，图中线条更加密集，所以看起来好像是曲面。

例 6.33 观察下列程序，体会 meshgrid 和 mesh 指令的用法，将 plot 与 mesh 指令进行对比。

M 文件内容如下：

```
clear
clc
x = -2:0.1:2;
y = x.^3;
[X,Y] = meshgrid(x);
Z = X.^3;
subplot(1,2,1)
plot(x,y)
subplot(1,2,2)
mesh(Z,X)
```

运行结果如图 6-38 所示。

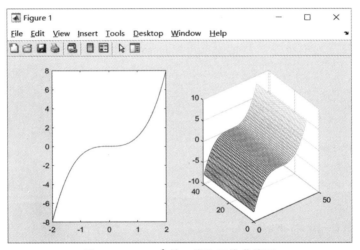

图 6-38 $y = x^3$ 的二维和三维曲线图

本例中 Z 的取值只与 X 有关，而和 Y 无关，因此若 X 是 n 维向量，则图形上看起来就是把二维的曲线沿着 y 轴的正方向平移 n 个单位。

例 6.34 观察下列程序，体会 meshgrid 和 mesh 指令的用法。

M 文件内容如下：

```
clear
clc
x = -2:0.1:2;
[X,Y] = meshgrid(x);
Z = X.^2 + Y.^2;
mesh(X,Y,Z)
```

运行结果如图 6-39 所示。

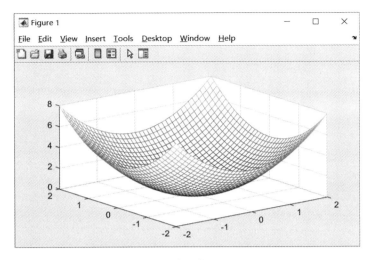

图 6 - 39　$z = x^2 + y^2$ 的三维曲线图

本例中 $\boldsymbol{Z}$ 的取值和 $\boldsymbol{X}$、$\boldsymbol{Y}$ 都有关系，表示点到 z 轴的最短距离。

例 6.35　观察下列程序，学习极坐标画图指令 polar。

M 文件内容如下：

```
clear
clc
t = 0:0.01:2 * pi;
polar(t,abs(sin(t). * cos(t)))
```

运行结果如图 6 - 40 所示。

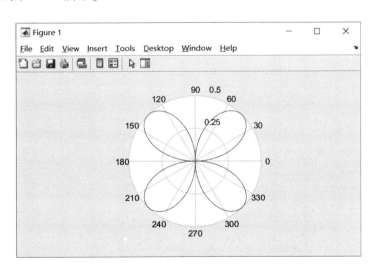

图 6 - 40　极坐标绘图（一）

polar(a,l)指令中，a 表示点的角度，l 表示点到原点的距离，于是程序中的语句表示，点的角度 t 取值从 0 到 2π，点到原点的距离为 $\sin(t)\cos(t)$ 的绝对值，以此画图，图形由 4 个瓣组成。不难发现，若 t 的取值从 0 到 $+\infty$，则该函数是以 π 为周期的。

例 6.36 观察下列程序，学习极坐标画图指令 polar。

M 文件内容如下：

```
clear
clc
t = 0:0.01:2 * pi;
polar(t,abs(sin(4 * t). * cos(t)))
```

运行结果如图 6 - 41 所示。

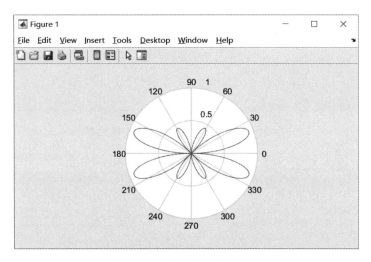

图 6 - 41　极坐标绘图（二）

本例只是将例 6.35 中的点到原点的距离改成了 $\sin(4t)\cos(t)$ 的绝对值，图形出现了 8 个瓣，此处不加赘述。

例 6.37 观察下列指令和图形的变化，比较与数学角度中的区别，思考为什么。

M 文件内容如下：

```
clear
clc
t = 0:0.1:4 * pi;
f1 = 2;f2 = 8;f3 = 16;f4 = 30;f5 = 40;
y1 = sin(f1 * t);
y2 = sin(f2 * t);
y3 = sin(f3 * t);
y4 = sin(f4 * t);
y5 = sin(f5 * t);
plot(t,y1);figure
plot(t,y2);figure
plot(t,y3);figure
plot(t,y4);figure
plot(t,y5)
```

运行结果如图 6 - 42 ~ 图 6 - 46 所示。

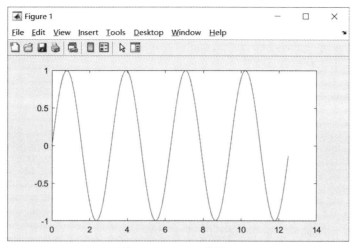

图 6 – 42　$f_1 = 2$ 的情况

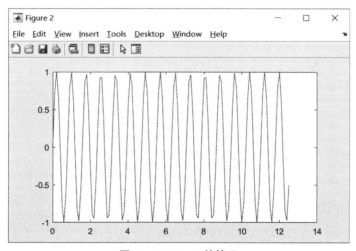

图 6 – 43　$f_2 = 8$ 的情况

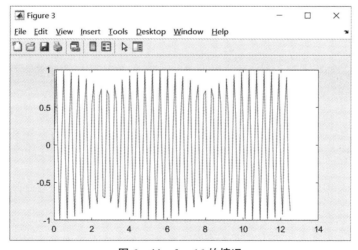

图 6 – 44　$f_3 = 16$ 的情况

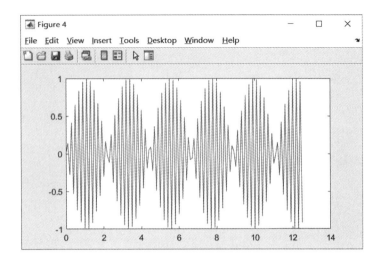

图 6 – 45 $f_4 = 30$ 的情况

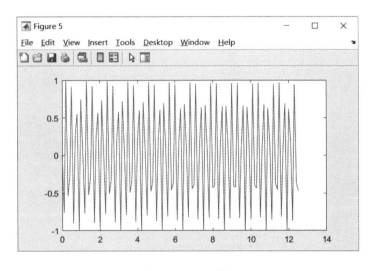

图 6 – 46 $f_5 = 40$ 的情况

这是一个很有趣的例子，从数学的角度来讲，我们只是改变了函数的频率，画出来的图形不应该发生振幅的变化，可是图中则不然，当频率较小的时候还符合数学规律，随着频率的增大，振幅的变化更加明显，这是怎么回事呢？究其原因，仍然是 MATLAB 的离散取点法，数学中讨论的函数自变量都是连续取值的，而 MATLAB 中点与点间还是有间隔的，所以造成了上述结果，若取点间隔越小，就越接近数学中的情况。读者可以尝试一下，将自变量 t 的取值间隔改为 0.01，观察结果。

通过数量庞大的范例的训练，相信读者对 MATLAB 的绘图功能已经有了一定的了解，为了更好地掌握 MATLAB，适当地做题是有必要的，读者空闲时应勤加练习。

※MATLAB 与航天工程

例 6.38　地球半径为 6 371 km，假如在赤道平面内存在一颗人造卫星，其轨迹为椭圆，近地点为 439 km，远地点为 2 384 km，试使用 MATLAB 绘出卫星轨道与地球的三维模型。

首先计算椭圆轨道半长轴 a、半短轴 b、半焦距 c：

$$a = 0.5 \times (439 + 2\ 384 + 2 \times 6\ 371) = 7\ 782.5(\text{km})$$

$$c = 0.5 \times (2\ 384 - 439) = 972.5(\text{km})$$

$$b = \sqrt{(a^2 - c^2)} = 7\ 721.5(\text{km})$$

得到椭圆标准方程：

$$\frac{x^2}{a^2} + \frac{y^2}{b^2} = 1$$

考虑到将地球中心设为原点，将椭圆向 x 轴正方向移动距离 c，得到方程：

$$\frac{(x-c)^2}{a^2} + \frac{y^2}{b^2} = 1$$

隐函数作图，可以先转化为参数方程：

$$\begin{cases} x = c + a\cos(t) \\ y = b\sin(t) \end{cases} \quad (0 \leqslant t \leqslant 2\pi)$$

轨迹在赤道平面，高度 z 为 0。

M 文件内容如下：

```
s1 = 439;
s2 = 2384;
R = 6371;
a = 0.5 * (s1 + s2 + 2 * R);
c = 0.5 * (s2 - s1);
b = (a^2 - c^2)^(0.5);
t = linspace(0,2 * pi,1000);
x = c + a * cos(t);
y = b * sin(t);            %(x - c)^2/a^2 + y^2/b^2 = 1;
z = zeros(1,1000);         %保证 x、y、z 维度相同
p = plot3(x,y,z);
p.LineWidth = 3;           %线条加粗
hold on
[x1,y1,z1] = sphere(25);   %地球模型
x1 = x1 * R;
y1 = y1 * R;
z1 = z1 * R;
surf(x1,y1,z1)
grid on
title('卫星轨道与地球模型(单位:km)')
```

运行结果如图 6 - 47 所示。

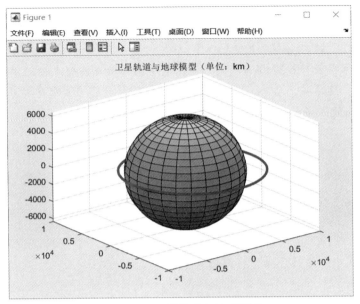

图 6 – 47　卫星轨道与地球模型

本章小结

本章主要介绍了 MATLAB 中常用的绘图函数和基本的绘图操作,通过本章的学习,读者应能做到以下几点:

(1) 绘制基本的二维和三维图形。

(2) 掌握基本图形操作,如给图形添加标题、选择点的形状及颜色等。

(3) 绘制彩色网状图。

希望读者能够通过练习,熟练掌握 MATLAB 的基本函数绘图功能,下章将进一步介绍 MATLAB 对图形的编辑及操作。

本章的第一节汇集了所有函数基本绘图的命令,方便大家查阅。

习　　题

1. 使用 plot 指令,画出函数 $y = (\sin(x))^x$ 的函数图形,自变量取值范围是 $[0.01, \pi]$,取值间隔是 0.01。

2. 在一个视图窗口中同时画出两条曲线 $y = \sin(x)$, $y = \cos(x)$,其中 $y = \sin(x)$ 用"+"取点, $y = \cos(x)$ 用"*"取点,并用 gtext 指令标注对应曲线。自变量取值范围是 $[0, 10]$,取值间隔为 0.1。

3. 用 plot3 指令画出 $z = \sin(x) + \cos(y)$ 的空间曲线图, x、y 取值范围都是 $[0, 20]$,取值间隔都是 0.1。

4. 用 fplot 指令画出函数 $y = \tan(x)$ 的图形, x 的取值范围是 $[-2\pi, 2\pi]$。

5. 用 fplot 指令画出双曲余弦函数 $y = \mathrm{ch}(x)$ 的图形, x 的取值范围是 $[-5, 5]$。

$$\left(\text{双曲余弦函数 } \mathrm{ch}(x) = \frac{\mathrm{e}^x + \mathrm{e}^{-x}}{2}\right)$$

6. 将题 5 中的自变量显示范围设为 $[-10,10]$，因变量显示范围设为 $[-50,100]$，绘出其图形。

7. 在题 5 的基础上加上标注，x 轴标注为 "x"，y 轴标注为 "y"，z 轴标注为 "z"，整个图形标注为 "graph07"。

8. 将图形视图分为 1×2 的形式，其中在第一个图中画出函数 $y = \mathrm{e}^{-0.5t}\sin(3t)$ 的线形图，在第二个图中画出函数 $y = \mathrm{e}^{-0.5t}\sin(3t)$ 的条形图，并加以比较。

9. 试写出以下程序的运行结果：

```
clear
clc
x=[-1,2,3];
y=[2,1,6,5];
[X,Y]=meshgrid(x,y)
```

10. 观察以下程序的运行结果：

```
clear
clc
x=0:0.5:2*pi;
y=0:0.5:2*pi;
[X,Y]=meshgrid(x,y);
Z=sin(3*X).*cos(Y).^2;
mesh(X,Y,Z)
```

11. 用 polar 指令分别画出下列函数的极坐标图，其中 t 表示角度，取值范围是 $[0,2\pi]$，取值间隔是 0.1，ρ 表示点到原点的距离。

polar1 : $\rho = |\sin(t)\cos(t)|$　　　　polar2 : $\rho = |\sin(2t)\cos(t)|$

polar3 : $\rho = |\sin(3t)\cos(t)|$　　　　polar4 : $\rho = |\sin(4t)\cos(t)|$

第 7 章

函数绘图的进阶与解析

通过上一章的学习，我们在诸多例题中了解到了各类函数所形成的图形。但是在一般的数学学习中，面对某些复杂函数，我们只能通过逻辑推理来推断函数的一些性质。实际上，认识函数和认识人一样，都寻求一个由表及里的过程。对于函数而言，图形即为表，性质则为里。也就是说，我们可以通过对函数图像的分析来考察其规律和性质。MATLAB 为我们提供了这样一个探寻的窗口。在这一章中，我们将对函数绘图做一个进一步的进阶与解析。

7.1 二维图形进阶与解析

二维图形是将平面坐标上的数据点连接起来的平面图形。平面坐标系除采用直角坐标系之外，还可以采用对数坐标系、极坐标系。数据点可以用向量或矩阵形式给出，类型可以是实数型或复数型。二维图形的绘制是其他绘图操作的基础。因此，我们先来介绍二维图形的进阶与解析。

7.1.1 取点设置

首先，我们来看一下一般图形的缩放和取点设置功能函数的用法。

表 7 – 1 列出了图形缩放和取点的相关用语。

表 7 – 1 图形缩放和取点设置用语

功能	用法	说明
zoom 图形缩放	zoom	用于切换放大状态：on 或 off
	zoom on	执行此功能函数后，可以使用鼠标去选取欲放大（按住左键拖拽）的区域，或是直接在该区域上单击左键即可产生放大效果，若双击鼠标左键则恢复原图大小
	zoom off	停止缩放大小
	zoom out	恢复为原图大小
	zoom reset	系统将记住当前图形的放大状态，作为后续放大状态的设置值。因此以后使用 zoom out 时，图形并不会恢复为原图大小，而是返回 reset 时放大状态的大小

功能	用法	说明
zoom 图形缩放	zoom xon、zoom yon	仅对 x 轴或 y 轴进行放大
	zoom（factor）	factor >1 时，图形放大 factor 倍，factor <1 时，图形缩小为原图的 factor 比例
	zoom（fig，option）	指定对句柄值为 fig 的绘图窗口的二维图形进行放大，其中参数 option 可为 on、off、xon、yon、reset、factor 等
ginput 坐标轴内取点	$\boldsymbol{h}$ = zoom（figure_handle）	返回操作的句柄属性值向量
	$[\boldsymbol{x},\boldsymbol{y}]$ = ginput(n)	从图形中获得 n 个点的坐标值，获得的数据保存在长度为 n 的向量 $\boldsymbol{x}$、$\boldsymbol{y}$ 中
	$[\boldsymbol{x},\boldsymbol{y}]$ = ginput	从图形中获得多个点的坐标，直到按下回车键为止
	$[\boldsymbol{x},\boldsymbol{y},\text{button}]$ = ginput(n)	返回值添加了一个 button 的向量，元素为整数，反映选取数据点时按下了哪个鼠标键（左、中、右键分别对应 1、2、3），或者返回使用键盘上的键的 ASCII 值。调用 ginput 函数后，在窗口中鼠标箭头会变成十字形的光标，移动鼠标，光标随之移动，在关心的数据点上单击鼠标左键，该点的坐标就被记录下来，直到点数达到指定的个数或按下回车键终止取值为止

7.1.2　线型设置

在上一章中，我们初次体会到了 plot 函数设置线型的功能，根据表 6 - 1 与表 6 - 2，还有一个综合的语句可用来实现线型设置：

```
plot(…,'PropertyName',PropertyValue,…)
```

其中的 PropertyName 与 PropertyValue 的对应关系如表 7 - 2 所示。

表 7 - 2　**plot 绘图中 PropertyName 与 PropertyValue 的对应关系**

PropertyName	意义	PropertyValue
LineWidth	线宽	实数值，单位为 points
MarkerEdgeColor	标记点边框线条颜色	表颜色的字符，如 'g'等
MarkerFaceColor	标记点内部区域填充颜色	表颜色的字符
MarkerSize	标记点大小	实数值，单位为 points

本节所引用的范例都将以 M 文件的形式给出，在命令窗口中调用 M 文件的过程将省略，直接给出运行结果。

例 7.1 分别绘制 $y_1 = \sin(x)$，$y_2 = \cos(x)$ 与 $y_3 = \sin(x)\cos(x)$ 的函数图像，体会 plot 函数的用法，设自变量区间为 $[0, 2\pi]$。

M 文件内容如下：

```
clear
clc
x = 0:0.02*pi:2*pi;
y1 = sin(x);y2 = cos(x);y3 = sin(x).*cos(x);
plot(x,y1,x,y2);
hold on;                  %启动图形保持功能,即保持当前的坐标轴和图形
plot(x,y3,'--rs','LineWidth',2,...
                'MarkerEdgeColor','k',...
                'MarkerFaceColor','m',...
                'MarkerSize',10)
```

运行结果如图 7-1 所示。

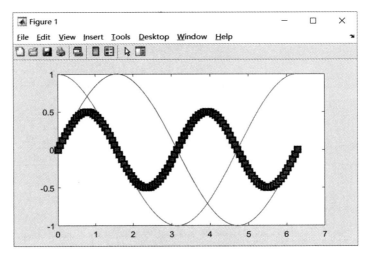

图 7-1 例 7.1 运行结果

7.1.3 标注设置

了解了线型设置，进而我们将进一步研究图形的标注操作方法。

1. 概述

要对图形进行标注，首先应确定面向图形对象的编辑模式是否已经打开。一般通过单击图形窗口的工具菜单（Tools）下的编辑图形子菜单（Edit Plot），或者单击图形工具条中的图形编辑模式开关按钮来实现。

确认编辑模式打开后，我们便可以经规范操作添加我们想要的标注了。

一般情况下，标注方法可以分成下列 5 种：

- 命令窗口中用标注函数标注；
- 通过图形编辑工具条标注；
- 通过插入菜单（Insert）项标注；

- 利用图形面板对象标注;
- 在属性编辑界面下标注。

表 7 - 3 列出了部分实现图形标注的函数。

表 7 - 3　图形标注函数

函数	说明
title	设置标题
xlabel，ylabel	设置横、纵坐标轴标签
legend	设置图例
colorbar	设置颜色条
annotation	添加文本、线条、箭头、图框等标注元素

尽管所有图形标注都可以用标注函数实现,但是相比较而言,在图形界面下的交互式标注方式则更加方便快捷,即直接使用图形编辑工具条。图形编辑工具条在默认状态下是隐藏状态,需通过单击视窗菜单(View)下的图形编辑工具条菜单(Plot Edit Toolbar)来调出,如图 7 - 2 所示。

图 7 - 2　图形编辑工具条菜单(Plot Edit Toolbar)

该工具条按钮的功能从左至右依次是:填充色、边框色、文字颜色、字体、加粗、斜体、左对齐、居中对齐、右对齐、线条、单箭头、双箭头、带文字标注的箭头、文本、矩形、椭圆、锚定、对齐与分布。它们又被分成六组,其中四组用来设置标注元素的颜色、字体、文字对齐属性,第五组用来添加各种标注元素,最后一组属于特殊用途。

通过图形编辑工具条只能添加部分的图形标注元素,而通过图形窗口的插入菜单(Insert)则可以添加任何 MATLAB 提供的图形标注元素,如图 7 - 3 所示。

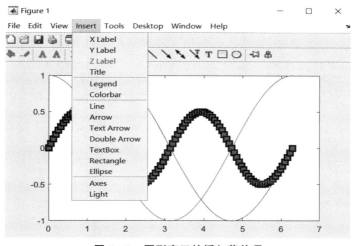

图 7 - 3　图形窗口的插入菜单项

如图 7－3 所示，MATLAB 提供了一系列的标注型元素，包括坐标轴标签（XLabel、YLabel、ZLabel）、图形标题（Title）、图例（Legend）、颜色条（Colorbar）、线（Line）、箭头（Arrow）、带文本的箭头（Text Arrow）、双箭头（Double Arrow）、文本框（TextBox）、矩形框（Rectangle）、椭圆框（Ellipse）、坐标轴（Axes）和光影（Light）。其中 Z 轴标签 ZLabel 和光影 Light 只用于三维图形标注中；坐标轴 Axes 是用于在已有图形中添加新的坐标轴，通常不用于标注。

另一个常用的图形界面下的交互标注方法是利用图形面板对象，打开图形面板的方法是单击视窗菜单（View）下的图形面板菜单（Figure Palette），其效果如图 7－4 所示。

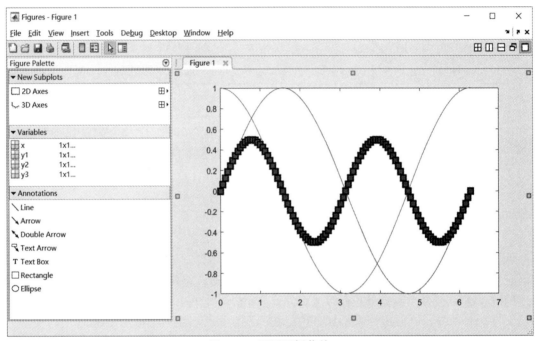

图 7－4　图形面板菜单

关于图形面板的编辑我们将在后面内容中再做进一步介绍。

2. 普通标注详解

在第 6 章中我们已经学习了 title、xlabel、ylabel 等函数的用法。接下来，我们将通过实例来加强对 title、xlabel、ylabel 以及另外一些常用标注语句的理解与使用。

例7.2　使用 xlabel、ylabel、title 等函数为例 7.1 中图形加标注。

M 文件内容接例 7.1 后，如下：

```
title('例7.2','Color','r','fontweight','b','fontsize',15);
xlabel('X','fontsize',12);
ylabel('Y1－Y2－Y3','fontsize',12,'Rotation',90);
legend('y1 = sin(x)','y2 = cos(x)','y3 = sin(x)cos(x)');
```

运行结果如图 7－5 所示。

其中，ylabel（'string'，'Rotation'，value）的格式含义为将 y 轴标注中的字串做 value 值的旋转，该旋转自水平位置起，方向为逆。所以当 value 为 90 时表示将 y 轴标注自下往上排列，－90 时则反之。

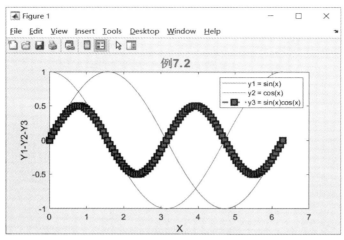

图 7 – 5 例 7.2 运行结果

对于文本框类型的标注，其位置相对任意，即可以在图形中任意位置添加。一般的添加方法有：

- 单击插入菜单（Insert）→Textbox；
- 单击图形编辑工具条→文本框按钮；
- 利用常用的函数：text 与 gtext。

其中，通过 text 与 gtext 所创建的标注锚定在图形中的位置是固定的，并随坐标轴的平移与缩放做相应的移动，而通过菜单和工具按钮创建的文本标注，默认是不锚定的。

作为两种常用的文本添加函数，text 与 gtext 又有着些许不同。text 是纯命令行文本函数，而 gtext 是交互式文本框标注函数。

例 7.3 文本框标注示例。

M 文件内容接例 7.1 后，如下：

gtext({'例 7.2','gtext','用法示例'});
gtext({'y1 = sin(x)';'y2 = cos(x)';'y3 = sin(x)cos(x)';'x = \pi'});

运行结果如图 7–6 和图 7–7 所示。

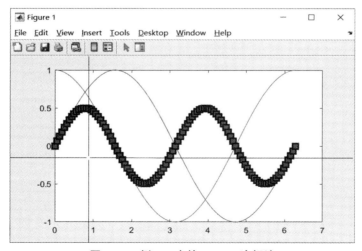

图 7 – 6 例 7.3 中的 gtext 一次标注

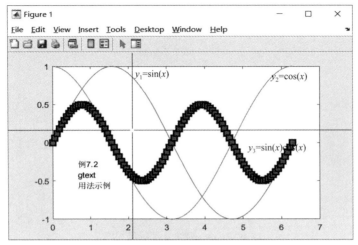

图 7 – 7   例 7.3 中的 gtext 多次标注

像 "\ pi" 这样的语言被称为 TEX 标记语言，通过 TEX 标记语言可以设置多种常用符号，如希腊字母、数字符号、箭头等，其对应关系如表 7 – 4 和表 7 – 5 所示。

表 7 – 4   标记语言 – 符号

标记语言	符号	标记语言	符号	标记语言	符号
\alpha	α	\upsilon	υ	\sim	~
\beta	β	\phi	φ	\leq	≤
\gamma	γ	\chi	χ	\infty	∞
\delta	δ	\psi	ψ	\clubsuit	♣
\epsilon	ε	\omega	ω	\diamondsuit	♦
\zeta	ζ	\Gamma	Γ	\heartsuit	♥
\eta	η	\Delta	Δ	\spadesuit	♠
\theta	θ	\Theta	Θ	\leftrightarrow	↔
\vartheta	ϑ	\Lambda	Λ	\leftarrow	←
\iota	ι	\Xi	Ξ	\uparrow	↑
\kappa	κ	\Pi	Π	\rightarrow	→
\lambda	λ	\Sigma	Σ	\downarrow	↓
\mu	μ	\Upsilon	Υ	\circ	°
\nu	ν	\Phi	Φ	\pm	±
\xi	ξ	\Psi	Ψ	\geq	≥
\pi	π	\Omega	Ω	\propto	∝

标记语言	符号	标记语言	符号	标记语言	符号
\rho	ρ	\forall	∀	\partial	∂
\sigma	σ	\exists	∃	\bullet	●
\varsigma	ζ	\ni	∋	\div	÷
\tau	τ	\cong	≅	\neq	≠
\equiv	≡	\approx	≈	\aleph	ℵ
\Im	ℑ	\Re	ℜ	\wp	℘
\otimes	⊗	\oplus	⊕	\oslash	∅
\cap	∩	\cup	∪	\supseteq	⊇
\supset	⊃	\subseteq	⊆	\subset	⊂
\int	∫	\in	∈	\o	o
\rfloor	ë	\lceil	é	\nabla	∇
\lfloor	û	\cdot	·	\ldots	. . .
\perp	⊥	\neg	¬	\prime	′
\wedge	∧	\times	X	\oslash	∠
\rceil	ù	\surd	√	\mid	│
\vee	∨	\varpi	ϖ	\copyright	©
\langle	<	\rangle	>	\circ	°

表 7–5　标记语言–字体格式

符号	含义	符号	含义
_	下标	\^	上标
\it	斜体	\bf	粗体
\rm	正常字体	\fontname{fontname}	采用指定字体
\fontsize{fontsize}	采用指定字号	\color{colorname}	指定颜色

其中，颜色的名称有 8 种基本颜色：red，green，yellow，magenta，blue，black，white 以及四种 simulink 颜色（gray，darkGreen，orange，lightBlue）。此处必须键入颜色全名。请读者在例题中体会具体用法。

7.1.4　特殊二维绘图

对于常规的二维图形，MATLAB 提供了非常便捷的创建渠道。表 7 - 6 列出了一些常用的二维绘图函数。

表 7 - 6　二维绘图函数汇总

函数名称	含义	函数名称	含义
plot	二维曲线图绘制	plotyy	双 y 轴图形绘制
polar	二维极坐标图绘制	area	面积图绘制
loglog	双对数坐标图绘制	pie	扇形图绘制
semilogx	x 轴对数刻度二维绘图	scatter	散点图绘制
semilogy	y 轴对数刻度二维绘图	hist	柱形图绘制
bar	垂直条形图绘制	errorbar	误差图绘制
barh	水平条形图绘制	stem	火柴杆图绘制
quiver	向量图绘制	feather	羽毛图绘制
rose	玫瑰花图绘制	commet	彗星图绘制
stairs	阶梯图绘制	compass	罗盘图绘制
pareto	Pareto 图绘制	fill	实心图绘制
ployarea	数组参数多边实心图绘制	ploymatrix	数组关系图绘制
contour	等值线图绘制	contourf	填充模式等值线图绘制
对应函数绘图		含义	
fplot(fun,limits)		在指定的坐标轴 limits 范围内绘制字符串或函数 fun 对应图形	
ezplot(fun,[xmin,xmax,ymin,ymax])		在指定的坐标轴范围内绘制字符串或函数 fun 对应图形	
ezpolar(fun,[a,b])		在指定弧度范围内绘制字符串或函数 fun 对应极坐标图形	
ezcontour(fun)		绘制字符串或函数 fun 对应等高线图	
ezcontourf(fun)		绘制字符串或函数 fun 对应等高线填充图	

下面我们通过一些例子，来让大家对这些函数的用法有更真切的体会。

例 7.4　绘制实心图、pareto 图、散点图与彗星图。

M 文件如下：

```
clear
clc
x = rand(1,10); y = rand(1,10);
subplot(2,2,1),fill(x,y,'k'),title('实心图');
subplot(2,2,2),pareto(x),title('pareto 图');
subplot(2,2,3),scatter(x,y),title('散点图');
subplot(2,2,4),comet(x,y),title('彗星图');
```
运行结果如图 7 – 8 所示。

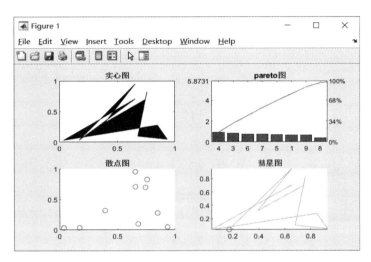

图 7 – 8 例 7.4 运行结果

例 7.5 *函数绘图示例。*

M 文件如下：

```
clear
clc
subplot(2,2,1);
y1 = 'sin(x)';
fplot(y1,[0 2 * pi]); title('y1 = sin(x)');        %在指定坐标轴上绘制函
数 y1 = sin(x)图形
subplot(2,2,2);
y2 = 'sin(x) + cos(x)';
ezplot(y2,[ -2 * pi 2 * pi -2.5 2.5]); title('y2 = sin(x) + cos(x)');
subplot(2,2,3);
y3 = 'sin(x) + 2 * cos(x)';
ezpolar(y3,[ -2 * pi 2 * pi ]); title('y2 = sin(x) + 2 * cos(x)');  %在指
定弧度范围内绘制函数 fun 对应极坐标图形
subplot(2,2,4);
ezplot(@ peaks); title('peaks');
```
运行结果如图 7 – 9 所示。

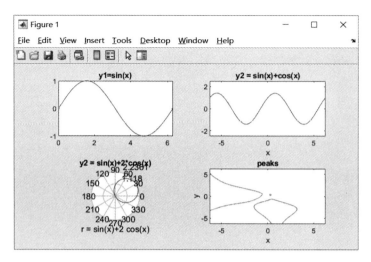

图 7 - 9 例 7.5 运行结果

一般地，对于如 ezplot 的绘图方法，我们只要知道三维变量之间的关系便可绘制相应曲线，表 7 - 7 就数学领域列出一些常用的绘图公式关系。

表 7 - 7 常用绘图公式关系

图像名称	原代数方程式	变量关系
椭球面	$\dfrac{x^2}{a^2} + \dfrac{y^2}{b^2} + \dfrac{z^2}{c^2} = 1$	$\begin{cases} x = a \cdot \sin\varphi\cos\theta \\ y = b\sin\varphi\sin\theta \\ z = c \cdot \cos\varphi \end{cases}$ 其中 $\begin{cases} 0 \leqslant \theta < 2\pi \\ 0 \leqslant \varphi < 2\pi \end{cases}$
单叶双曲面	$\dfrac{x^2}{a^2} + \dfrac{y^2}{b^2} - \dfrac{z^2}{c^2} = 1$	$\begin{cases} x = a \cdot \sec\varphi\cos\theta \\ y = b \cdot \sec\varphi\sin\theta \\ z = c \cdot \tan\varphi \end{cases}$, 其中 $\begin{cases} 0 \leqslant \theta < 2\pi \\ -\dfrac{\pi}{2} < \varphi < \dfrac{\pi}{2} \end{cases}$
双叶双曲面	$\dfrac{x^2}{a^2} + \dfrac{y^2}{b^2} - \dfrac{z^2}{c^2} = -1$	$\begin{cases} x = a \cdot \tan\varphi\cos\theta \\ y = b \cdot \tan\varphi\sin\theta \\ z = c \cdot \sec\varphi \end{cases}$ 其中 $\begin{cases} 0 \leqslant \theta < 2\pi \\ -\dfrac{\pi}{2} < \varphi < \dfrac{\pi}{2} \end{cases}$
圆柱螺线	$\dfrac{x^2}{a^2} + \dfrac{y^2}{a^2} = 1 = \dfrac{z}{bt}$	$\begin{cases} x = a \cdot \cos t \\ y = a \cdot \sin t \\ z = b \cdot t \end{cases}$ 其中 $-\infty < t < +\infty$

图像名称	原代数方程式	变量关系
圆锥螺线	$\dfrac{x^2}{a^2} + \dfrac{y^2}{b^2} = \dfrac{z^2}{c}$	$\begin{cases} x = a \cdot t \cdot \cos t \\ y = b \cdot t \cdot \sin t \\ z = c \cdot t \end{cases}$ 其中 $0 < t < +\infty$
抛物螺线	$\dfrac{x^2}{a^2} + \dfrac{y^2}{b^2} = \dfrac{z}{c}$	$\begin{cases} x = a \cdot t \cdot \cos t \\ y = b \cdot t \cdot \sin t \\ z = c \cdot t^2 \end{cases}$ 其中 $0 < t < +\infty$
圆环面	$\left(\sqrt{x^2 + y^2} - R \right)^2 + z^2 = r^2$	$\begin{cases} x = (R + r\cos\theta)\ \cos\varphi \\ y = (R + r\cos\theta)\ \sin\varphi \\ z = r\sin\theta \end{cases}$ 其中 $\begin{cases} 0 \leqslant \theta \leqslant 2\pi \\ 0 \leqslant \varphi \leqslant 2\pi \end{cases}$

7.1.5　交互式绘图

1. 概述

MATLAB 图形窗口除了用于显示绘图函数的结果，还可以进行交互式绘图。MATLAB 交互式绘图工具包括三个面板，即图形面板、绘图浏览器和属性编辑器。这些面板在默认视图下并不显示，表7-8列出了打开面板的若干方法。

表7-8　绘图工具面板显示方法

面板名称	显示方法	其他说明
图形面板 （Figure Palette）	利用命令 figurepalette 或单击视图菜单下的"Figure Palette"项	单击"显示绘图工具"按钮可以同时显示这三个面板； 单击"隐藏绘图工具"按钮则可同时关闭这三个面板
绘图浏览器 （Plot Browser）	利用命令 plotbrowser 或单击视图菜单下的"Plot Browser"项	
属性编辑器 （Property Editor）	利用命令 propertyeditor 或单击视图菜单下的"Property Editor"项	

通过显示绘图工具按钮，打开三个绘图工具面板之后窗口如图7-10所示。

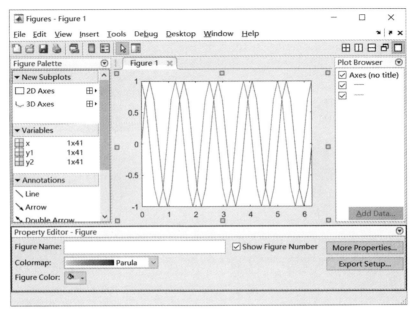

图 7 – 10　显示交互式绘图工具的图形窗口

部分功能及相关位置见表 7 – 9。

表 7 – 9　交互式绘图面板功能表

名称	位置	功能	举例
图形面板 （Figure Palette）	窗口左侧	创建与安排图形窗口下的子图分布； 交互地对工作变量进行任意类型的图形绘制	如构建 2×3 子图阵； 如添加箭头、图框等标注
绘图浏览器 （Plot Browser）	窗口右侧	控制坐标轴或图像对象的显示	如通过"Add Data…"按钮在指定的坐标轴下添加数据进行新的附加绘图
属性编辑器 （Property Editor）	窗口下方	常用属性设置	如子图标题、网格、坐标轴标签、范围等

本小节在后续将以一个完整的绘图实例来说明这些面板的各种功能。

例 7.6　*交互式绘图数据创建。*

M 文件内容如下：

```
clear
clc
x = 0:0.05 * pi:2 * pi;
y1 = sin(5 * x);
```

```
y2 = cos(5*x);
plot(x,y1,x,y2);
```

2. 图形面板

单击图形窗口"New Subplots"选项卡下的"2D Axes"图标，会在当前绘图区的下方添加一行新的坐标轴；而单击右侧的田字方框和黑色箭头位置，则用户可以通过移动鼠标创建自己定义行列数的子图，当前已经存在的图形会被默认设置为编号最小的子图，这会产生一个如图 7 – 11 所示的绘图区结果，其中已经存在的函数曲线是例 7.6 中代码所创建。

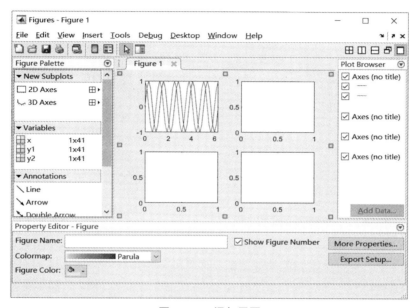

图 7 – 11　添加子图

创建子图之后就可以在每个子图区绘制函数了，这可以通过在图形面板的第二个选项卡中交互地选择 MATLAB 工作空间中的变量，然后按用户指定的图形样式和绘图顺序来绘制函数曲线。

一般要选择坐标轴，然后按住 Ctrl 键，用鼠标左键选择若干个参与绘图的变量，再单击鼠标右键，从右键快捷菜单中选择某种符合要求的绘图方式。

如选择第 2 行、第 1 列的子图（选中状态），然后利用 Ctrl 键选择两个工作区变量，右键菜单中提供了一些简单的绘图项，如 $plot(x,y_1)$ 等，想要添加更多的自定义图形，则可以单击"Plot Catalog…"项。

绘图类型可以设置为本章之前描述的任何一种类型，如一般的线条图，或者各种特殊类型。接着，可以在窗口最上方的文本框中设定绘图参数，实际上相当于绘图函数的输入参数。

图形面板的最下面一个选项卡中的内容是用来进行图形标注的，包括线条箭头标注和图框标注。标注时只需选择相应的标注元素，在某个子图下用鼠标拖曳即可产生标注对象，操作非常方便。

通过重复以上绘图、标注等操作，可产生如图 7 – 12 所示效果。具体操作还需读者悉心体会与练习。

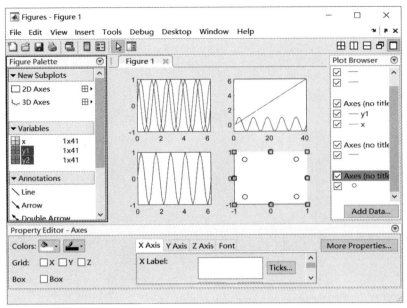

图 7 - 12 子图绘制

3. 绘图浏览器

绘图浏览器用来显示当前绘图区中的所有坐标轴、图线，但不包括图形标注元素，用户可以通过绘图浏览器控制这些对象的显示和隐藏，可以在指定的坐标轴下添加绘图数据。

在图 7 - 13 中，通过单击图中的复选框，使其处于选中状态，则该图形元素（坐标轴或轴线）会显示在绘图区，若使复选框处于非选中状态，则相应图形元素将被隐藏。当某个图形元素被选中时，对应的绘图区中该元素也处于选中待编辑状态，用户可以通过拖曳鼠标修改其尺寸、位置，也可以通过下一部分要介绍的属性编辑器来修改图形元素的各种属性。

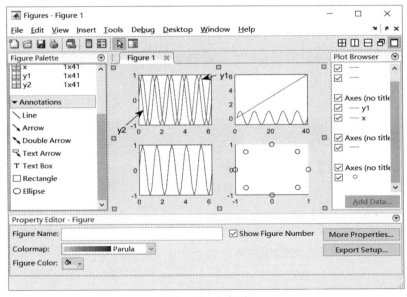

图 7 - 13 加标注

4. 属性编辑器

属性编辑器为用户修改图形元素（包括标注对象）的任意属性提供了一个便捷的图形界面操作环境。当绘图区中某一元素（包括坐标轴、图线、各种标注对象、图例、颜色条等）被选中时，属性编辑器将自动转换到选中元素的属性编辑界面中。

以坐标轴对应的属性编辑器为例，用户可以编辑坐标轴标题，背景颜色、边框颜色，网格显示、边框显示，各坐标轴的标签、显示刻度、显示范围、线性坐标还是对数坐标，方向，以及文字等属性的设置。

经过对坐标轴、图形的多次选择、编辑，可以进一步修缮我们的图形，具体操作请读者仔细地实践与体会。

通过单击"More Properties…"按钮可以打开属性检查器界面，用户将可以编辑图形元素的任意属性。一般情况下，属性编辑器界面下提供的编辑项可以满足要求了。

5. 数据查视工具

当图形绘制完毕后，用户经常需要查看图形局部细节和整体之间的切换，这就需要便捷的数据视察工具了，为此，MATLAB 提供了常用的缩放、平移、旋转、摄像头等一系列用于数据切换查实的工具。

对于二维图形，只有缩放和平移工具，这些在默认视图下的图形工具条中都有对应的工具按钮。用户只需要选择相应的按钮，就可以在图形区通过鼠标拖曳产生缩放或平移效果。不过需注意的是，有时若干子图绘制了相同的数据集合，并且通过箭头等标注，元素将不同子图之间的特定点连接起来以达到数据显示的效果时，经常需要对标注元素进行锚定操作，否则在我们使用数据查视工具变换图形显示效果时，标注元素不会随着坐标轴的缩放和平移进行相应的移动。

6. 保存

下面简要介绍一下绘图工作的保存方法。

作为绘图流程的最后一步，MATLAB 绘图结果保存是非常重要的。比较简单的方法即通过文件菜单（File）的几个保存选项来保存。

• Save：可将当前绘图区的绘图结果保存为二进制的 fig 文件，只能由 MATLAB 打开。

• Save As…：可设置文件保存的格式，如可设置为常用的 jpg、bmp、png、tif 等格式，以便通过另外一些常用的图形处理软件进行再编辑。

• Generate M - File…：可将当前绘图保存为 MATLAB 函数 M 文件，从而可以重复绘图。需注意，产生的 M 代码中不保存当前绘图采用的数据集。

7.2　三维图形进阶与解析

MATLAB 中可以通过二维或三维图形实现数据的可视化。本节紧接上一节，继续为大家介绍在三维空间上实现数据可视化的操作与方法，包括一般的三维曲线、曲面图形和三维片块模型。

MATLAB 中的三维图形包括三维曲线图、三维网格线图和三维表面图。

7.2.1 一般三维图形的绘制

在第 6 章中我们初步学习了三维图形的一些基本创建方法，下面我们继续介绍相关图形的生成。根据三维图形的分类，我们依次介绍相应的绘制方法。

1. 三维曲线图

二维曲线描述的是 x、y 沿着一条平面曲线变化时，z 随之变化的情况。MATLAB 中三维曲线的绘制函数是 plot3，在上一章我们已有所涉及，用法与 plot 大同小异。

在这里要注意的是，一般而言，x、y、z 是具有同样长度的一维数组，这时 plot3 将绘制一条三维曲线。实际上，x、y、z 也可以是同样尺寸且具有多列的二维数组，这时 plot3 会将 x、y、z 对应的每一列当作一组数据分别绘制出多条曲线。

例 7.7 plot3 绘制三维曲线图。

M 文件代码如下：

```
clear
clc
z = 0:0.1:8*pi;
x = sin(z);
y = cos(z);
plot3(x,y,z);
```

运行结果如图 7 - 14 所示。

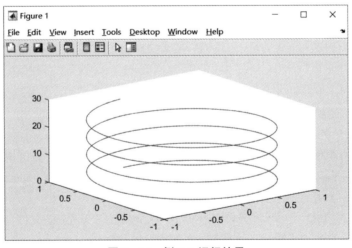

图 7 - 14 例 7.7 运行结果

2. 三维曲面图

当 (x, y) 的范围限定在一条线上时，(x, y, z) 的关系可由曲线图来描述，而对于 (x, y) 定义在一个区域中的情况，则应该用曲面来描述。

在 MATLAB 中，描述曲面是通过矩形网络的组合来实现的。即将 (x, y) 定义的区域分解成众多小型矩形区域，接着计算小矩形区域中各个顶点 z 的值，在显示时通过把这些邻近的顶点都相互连接起来，从而组合出整个 (x, y) 区域上 (x, y, z) 的曲面。

而 MATLAB 中的曲面图又分为网线图和表面图两种类型。

网线图即为各邻近顶点连接而成的网格状的曲面图，而表面图则为各填充色的矩形色块所表示的曲面图。

由此，无论我们是绘制网线图还是表面图，都离不开网格的绘制。MATLAB 为我们提供了 meshgrid 函数，可以用于 (x, y) 矩形区域上网格的创建，接着我们再选择相应的 mesh 或 surf 函数来绘制相应的曲面图形。

网格线之间的区域是不透明的，因此显示的网格是前面的部分，而遮住的部分没显示出来。MATLAB 用 hidden 函数来控制这个属性。hidden on 表示不显示遮住的部分，hidden off 表示显示遮住的部分。

例 7.8 三维曲面图的绘制

M 文件代码为：

```
clear
clc
x = -2:.2:2; y = -3:.3:4;
[X,Y] = meshgrid(x,y);
z = X.^2 +Y;
subplot(3,2,1); mesh(X,Y,z); title('mesh');
subplot(3,2,3); meshc(X,Y,z); title('meshc');
subplot(3,2,5); meshz(X,Y,z); title('meshz');
subplot(3,2,2); surf(X,Y,z); title('surf');
subplot(3,2,4); surfc(X,Y,z); title('surfc');
subplot(3,2,6); surfl(X,Y,z); title('surfl');
```

运行结果如图 7 - 15 所示。

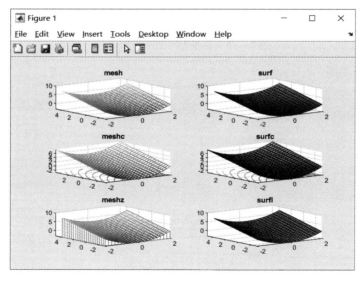

图 7 - 15　例 7.8 运行结果

其中 meshc、meshz，surfc、surfl 分别是 mesh 与 surf 函数派生而出的，具体含义见表 7 - 10。

表 7 – 10　绘图中常用的 mesh 函数与 surf 函数的派生函数

名称	含义
meshc	在 mesh 的基础上，在 $x-y$ 平面绘制函数的等值线
meshz	在 mesh 的基础上，在图形底部外侧绘制平行于 z 轴的边框线
surfc	在 surf 的基础上，在 $x-y$ 平面绘制函数的等值线
surfl	在 mesh 的基础上，为图形增加光照效果

7.2.2　特殊三维图形的绘制

对应于二维图形的创建，在三维空间中，同样有许多直接创建三维图形的用语，见表 7 – 11 和表 7 – 12。

表 7 – 11　特殊三维图形函数

函数	功能	函数	功能
bar3	绘制三维竖直条形图	pie3	绘制三维饼状图
bar3h	绘制三维水平条形图	stem3	绘制火柴杆图
coutour3	绘制等值线图	quiver3	绘制向量场图
cylinder	绘制圆柱图形	sphere	绘制单位球面
scatter3	绘制三维散点图		

表 7 – 12　三维图形简易绘制函数

函数	含义
ezplot3(funx,funy,funz,[tmin,tmax])	在 [tmin,tmax] 范围下绘制三维曲线(fun(x),fun(y),fun(z))
ezmesh(fun,domain)	在 domain 指定的区域内绘制 fun 指定的二元函数的网线图
ezmeshc(fun,domain)	在 domain 指定的区域内绘制 fun 指定的二元函数的网线图，并在 $x-y$ 平面叠加绘制等高线
ezsurf(fun,domain)	在 domain 指定的区域内绘制 fun 指定的二元函数的表面图
ezsurfc(fun,domain)	在 domain 指定的区域内绘制 fun 指定的二元函数的表面图，并在 $x-y$ 平面叠加绘制等高线

下面我们将通过实例来了解它们的具体用法。

例 7.9　特殊三维图形示例。

M 文件代码：

```
clear
clc
x = 0:0.5:5;
y = 10 * exp( -0.5 * x);
z = 2 * x;
A = magic(4);
subplot(2,2,1);
bar3(A,'detached');  title('三维数值条形图');
subplot(2,2,2);
bar3h(A,'grouped');  title('三维水平条形图');
subplot(2,2,3);
scatter3(x,y,z,'m');  title('三维散点图');
subplot(2,2,4);
stem3(x,y,z,'fill');  title('三维火柴杆图');
```

运行结果如图 7 - 16 所示。

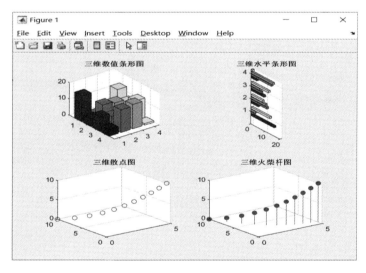

图 7 - 16　例 7.9 运行结果

7.2.3　三维图形的显示控制

1. 坐标轴设置

与二维图形类似，我们可以通过带参数的 axis 命令来设置坐标轴显示范围和比例。其具体用法见表 7 - 13。

表 7 – 13 axis 用法

用法	含义
axis[xmin xmax ymin ymax zmin zmax]	人工设置坐标轴范围
axis auto	自动确定坐标轴的显示范围
axis manual	锁定当前坐标轴显示范围，除非手动修改
axis tight	设置坐标轴显示范围为数据所在范围
axis equal	设置各坐标轴的单位刻度长度等长显示
axis square	将当前坐标轴范围显示在正方形（或正方体）内
axis vis3d	锁定坐标轴比例，不随三维图形的旋转而改变

2. 视角设置

在三维图形绘制中，我们会涉及面的概念，通过不同的视角，得到的视觉效果是不一样的。因此，设置一个能够查看整个图形最主要特性的视角，在三维图形的查看中是相当重要的。

使用 MATLAB，可以通过函数命令或图形旋转工具改变视角。旋转工具将在后面的内容中介绍，这里我们通过 view 命令行的方式设置图形视角，其语法格式见表 7 – 14。

表 7 – 14 view 函数的常用语法格式

语法	含义
view(az,el) view([az,el])	设置视角位置在 azimuth 角度和 elevation 角度确定的射线上
view([x,y,z])	设置视角位置在 [x,y,z] 位置所指示的方向
view(2)	默认的二维视图视角，相当于 $az = 0$，$el = 90$
view(3)	默认的三维视图视角，相当于 $az = -37.5$，$el = 30$
[az,el] = view	返回当前视图的视角 az 和 el

3. Camera 控制

实际上，在 MATLAB 的图形窗口下查看一幅三维图形，类似于用户的眼睛作为摄像头对图形场景进行拍摄。MATLAB 基于这一类比，提供了 Camera 控制工具条，为我们调节图形查看效果提供了一个便捷的渠道。

在默认窗口下，Camera 控制工具条是不显示的，选择"View"菜单下的"Camera Toolbar"项，可以在当前窗口显示（隐藏）Camera 控制工具条，如表 7 – 15 所示。

相邻的第二组工具按钮用来设置当前图形坐标轴的取向；第三组工具按钮设置当前图形和场景光源；第四组工具按钮设置透明模式；最后一组工具按钮用来重置或终止 Camera 移动和场景灯光。

表 7 - 15　Camera 控制工具条（第一组）

位置（从左往右）	名称	作用
1	Camera 圆周旋转按钮	固定图形位置，用户眼睛在到坐标轴远点的圆周上旋转查看
2	场景灯光旋转按钮	设置光源相对于坐标轴原点和用户眼睛连线的角度
3	圆形圆周旋转按钮	用户固定眼睛，图形（以坐标轴原点为准）在以用户眼睛为圆心的圆周上旋转时用户查看图形的效果
4	Camera 平移按钮	固定图形位置，用户眼睛水平或垂直移动
5	Camera 推进或后退按钮	不改变视角的情况下，改变用户眼睛和图形之间的距离
6	Camera 缩放	增大或缩小用户眼睛观察时取景的角度
7	Camera 旋转	用户眼睛和图形位置固定，绕连线轴旋转眼睛观察

具体操作方法还需要读者在实际操作中悉心体会。

7.2.4　三维图形的颜色控制

对于三维表面图而言，由于相对复杂的数据结构，我们得到的图像往往会变得难以观察，为此，我们需要对三维图像的颜色做一点小小的调整。

基于我们想要达到的目的，shading 函数可以解决我们的问题，其用法见表 7 - 16。

表 7 - 16　shading 语法

用法	说明
shading flat	去掉各片连接处的线条，平滑当前图形的颜色
shading interp	去掉连接线，在各线之间使用颜色插值，使得各片之间以及片内颜色均匀过渡
shading faceted	默认值，带有连接线的曲面

例 7.10　使用 surfc 函数画出 50 阶高斯分布数据的三维图像，并用 shading 语句修缮。
M 文件代码如下：

```
clear
clc
figure;
[x,y,z] = peaks(50);
subplot(2,1,1);  surfc(x,y,z);
subplot(2,1,2);  surfc(x,y,z);  shading interp ;
```

运行结果如图 7 - 17 所示。

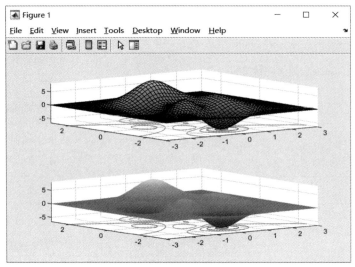

图 7 – 17   例 7.10 运行结果

※MATLAB 与航天工程

读者可自行选择航天工程相关的函数图像，结合本章内容进行标注，理解并巩固。

本章小结

本章介绍了如何使用强大的 MATLAB 命令来绘制二维和三维图形的高层绘图函数及其他图形控制函数的使用方法。学完本章读者应基本掌握如下知识：

（1）进行取点、线型、标注设置。

（2）一般二维绘图与一般三维图形的绘制。

（3）交互式绘图基本方法。

（4）三维图形的显示控制。

本章所介绍的知识具有很高的实用性，希望读者能够多加练习。

本章函数汇总见表 7 – 17。

表 7 – 17   本章函数汇总

函数	位置
图形标注函数	表 7 – 3
二维绘图函数	表 7 – 6
交互式绘图	7.1.5
一般三维图形的绘制	7.2.1
mesh 函数与 surf 函数的派生函数	表 7 – 10

续表

函数	位置
绘制三维图形函数	表 7 – 11、表 7 – 12
三维图形的显示控制	7. 2. 3
三维图形的颜色控制	7. 2. 4

本章命令指南见表 7 – 18。

表 7 – 18　本章命令指南

命令	用途/位置
图形缩放和取点设置用语	表 7 – 1
标记语言 – 符号	表 7 – 4
标记语言 – 字体格式	表 7 – 5
绘图工具面板显示方法	表 7 – 8
交互式绘图面板功能表	表 7 – 9
axis 用法	表 7 – 13
Camera 控制工具条	表 7 – 15

习　题

1. 绘制含 3 个子图的图形。其中：

图 1：$[0,5\pi]$ 区间内函数 $y_1 = \sin(10x)$ 的对数坐标曲线。

图 2：$[0,5\pi]$ 区间函数 $y_2 = \sin(x/10)$ 的对数坐标曲线与极坐标曲线。

图 3：$[0,5\pi]$ 区间内函数 y_1（对数坐标曲线）与 y_2（$x-y$ 坐标曲线）的双 y 轴图形。

要求：定步长为 0. 1，且图 1 置于第一行，图 2、3 分别置于第二行子图的左右两边。

2. 生成维数为 50 的高斯（peaks）分布数据的二维、三维等高线图像。

要求：二维等高线图，需填充，并加颜色块等标注。

3. 绘制球面图。

要求：运用 sphere 函数，并加入 axis 坐标控制，用 shading 语句进行颜色平滑操作。列出坐标控制前后、颜色平滑前后的图像。

第 8 章
MATLAB 在航天中的应用

世界上很多航空航天国防公司都在使用 MATLAB 和它的专业工具箱，从原型设计到最重要的高安全和任务关键系统，几乎覆盖了所有的航空航天国防产品及其技术开发流程。MATLAB 和它的工具箱被用于航空航天国防各个领域的重点项目，如 F – 35 联合攻击战斗机、火星探测车和航天飞机着陆决策等。

8.1　小行星运行轨道计算问题

某天文学家要确定一颗小行星绕太阳运行的轨道，他在轨道平面内建立以太阳为原点的直角坐标系，其单位为天文测量单位，在 5 个不同的时间对小行星作了 5 次观察，测得轨道上的 5 个点的坐标数据如表 8 – 1 所示：

表 8 – 1　小行星运行轨道上的 5 个点的坐标数据

i	1	2	3	4	5
x_i	5. 764	6. 286	6. 759	7. 168	7. 408
y_i	0. 648	1. 202	1. 823	2. 526	3. 360

试确定小行星的轨道方程。

8.1.1　模型的分析

由开普勒第一定律可知，小行星运行轨道为椭圆。椭圆的一般方程为：
$$a_1 x^2 + 2a_2 xy + a_3 y^2 + 2a_4 x + 2a_5 y + 1 = 0$$
需要确定系数 $a_i (i = 1, 2, 3, 4, 5)$。

利用已知的数据，不妨设测得的 5 个点的坐标为 (x_i, y_i) $(i = 1, 2, 3, 4, 5)$，确定系数 a_i 等价于求解下列线性方程组。

$$\begin{cases} a_1 x_1^2 + 2a_2 x_1 y_1 + a_3 y_1^2 + 2a_4 x_1 + 2a_5 y_1 + 1 = 0 \\ a_1 x_2^2 + 2a_2 x_2 y_2 + a_3 y_2^2 + 2a_4 x_2 + 2a_5 y_2 + 1 = 0 \\ a_1 x_3^2 + 2a_2 x_3 y_3 + a_3 y_3^2 + 2a_4 x_3 + 2a_5 y_3 + 1 = 0 \\ a_1 x_4^2 + 2a_2 x_4 y_4 + a_3 y_4^2 + 2a_4 x_4 + 2a_5 y_4 + 1 = 0 \\ a_1 x_5^2 + 2a_2 x_5 y_5 + a_3 y_5^2 + 2a_4 x_5 + 2a_5 y_5 + 1 = 0 \end{cases}$$

上述方程可写成矩阵的形式为：

$$Ax = b$$

其中，

$$A = \begin{bmatrix} x_1^2 & 2x_1y_1 & y_1^2 & 2x_1 & 2y_1 \\ x_2^2 & 2x_2y_2 & y_2^2 & 2x_2 & 2y_2 \\ x_3^2 & 2x_3y_3 & y_3^2 & 2x_3 & 2y_3 \\ x_4^2 & 2x_4y_4 & y_4^2 & 2x_4 & 2y_4 \\ x_5^2 & 2x_5y_5 & y_5^2 & 2x_5 & 2y_5 \end{bmatrix}, \quad x = \begin{bmatrix} a_1 \\ a_2 \\ a_3 \\ a_4 \\ a_5 \end{bmatrix}, \quad b = \begin{bmatrix} -1 \\ -1 \\ -1 \\ -1 \\ -1 \end{bmatrix}$$

将表中的数据代入系数矩阵 A，可得该问题的求解模型。

求解线性方程组 $Ax = b$，常用的方法包括直接解法和迭代法，可以用通用的程序设计语言来实现。MATLAB 提供了矩阵运算的功能，可以直接实现线性方程组的求解。

8.1.2　模型的求解

程序如下：

```
clear;
clc;
xi =[5.764,6.286,6.759,7.168,7.408];
yi =[0.648,1.202,1.823,2.526,3.360];
A = ones(length(xi),length(yi));
for i =1:length(xi)
    A(i,:) =[xi(i)*xi(i),2*xi(i)*yi(i),yi(i)*yi(i),2*xi(i),2*
yi(i)];
end
b = -ones(length(xi),1);
x = A\b
```

程序执行的结果为：

```
x =
    0.0508
   -0.0351
    0.0381
   -0.2265
    0.1321
```

因此小行星的轨道方程为：

$$0.050\,8x^2 - 0.070\,2xy + 0.038\,1y^2 - 0.453x + 0.264\,2y + 1 = 0$$

在命令行窗口中输入下列命令，得到图 8 -1 所示的小行星运行轨道。

```
>>h = ezplot('0.0508*x^2 -0.0702*x*y +0.0381*y^2 -0.453*x +
0.2642*y +1 =0',...
    [3,8,-1,4]);
>>set(h,'LineWidth',2,'Color','k')
```

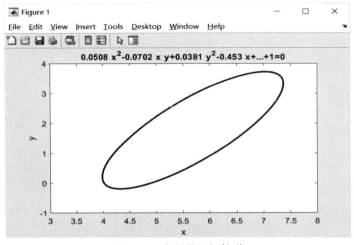

图 8-1　小行星运行轨道

8.2　MATLAB 分析导弹系统

8.2.1　模型的分析

目前的电子系统能迅速测出敌舰的种类、位置及行驶速度和方向，且导弹自动制导系统能保证在发射后任一时刻都能对准目标。根据情报，这种舰队能在我军舰发射导弹后 T 小时做出反应并摧毁导弹，现在要求改进电子导弹系统，使之能自动计算敌舰是否在有效打击范围之内。

如图 8-2 所示，设我舰发射导弹位置在坐标原点，敌舰在 x 轴正向 d 处，其行驶速度为 a，方向与 x 轴夹角为 θ，导弹飞行线速度为 b。

为简化模型，假设导弹和敌舰可视为两个运动的质点，且导弹和敌舰的速度始终不变，即均做匀速运动。

设 t 时刻导弹的位置为 $(x(t)，y(t))$，则有

$$\sqrt{\left(\frac{\mathrm{d}x}{\mathrm{d}t}\right)^2 + \left(\frac{\mathrm{d}y}{\mathrm{d}t}\right)^2} = b$$

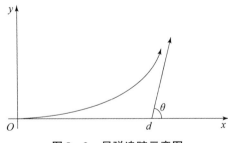

图 8-2　导弹追踪示意图

可知 t 时刻敌舰的位置为 $(d + at\cos\theta，at\sin\theta)$，为了保持对准目标，导弹轨迹切线方向应为：

$$\frac{\dfrac{\mathrm{d}y}{\mathrm{d}t}}{\dfrac{\mathrm{d}x}{\mathrm{d}t}} = \frac{\mathrm{d}y}{\mathrm{d}x} = \frac{at\sin\theta - y(t)}{d + at\cos\theta - x(t)}$$

由上述两式得：

$$\begin{cases} \dfrac{\mathrm{d}x}{\mathrm{d}t} = \dfrac{b}{\sqrt{1 + \left(\dfrac{\mathrm{d}y}{\mathrm{d}x}\right)^2}} = \dfrac{b}{\sqrt{1 + \left(\dfrac{at\sin\theta - y(t)}{d + at\cos\theta - x(t)}\right)^2}} \\[4mm] \dfrac{\mathrm{d}y}{\mathrm{d}t} = \dfrac{b}{\sqrt{1 + \left(\dfrac{\mathrm{d}x}{\mathrm{d}y}\right)^2}} = \dfrac{b}{\sqrt{1 + \left(\dfrac{d + at\cos\theta - x(t)}{at\sin\theta - y(t)}\right)^2}} \end{cases}$$

初始条件 $x(0) = 0$，$y(0) = 0$，对于给定的 a、b、d、θ，当 $x(t)$ 满足

$$x(t) > d + at\cos\theta$$

时，认为已击中目标，如果 $t < T$，则敌舰在打击范围内，可以发射。

给定敌舰的行驶速度 $a = 88$ km/h，导弹飞行线速度 $b = 450$ km/h，敌舰反应时间 $T = 0.12$ h，下面确定 d、θ 的有效范围。

首先可以容易地求出两个极端的情形，如果 $\theta = 0$，则敌舰正好沿 x 轴正向行驶，那么导弹沿 x 轴正向飞行，由击中时间

$$t = \frac{d}{b - a} < T$$

得 $d = T(b - a) = 36$ km；如果 $\theta = \pi$，则敌舰沿 x 轴负向行驶。类似地，可以求出 $d = T(b - a) = 54$ km，一般情况下有 36 km $< d <$ 54 km。

选取图 8 - 2 的坐标系，在 $t = t_k$ 时刻导弹的位置坐标为 (x_k, y_k)，敌舰的位置坐标为 $(\overline{x}_k, \overline{y}_k) = (d + at_k\cos\theta, at_k\sin\theta)$，追赶方向可用方向余弦表示为：

$$\cos a_k = \frac{\overline{x}_k - x_k}{\sqrt{(\overline{x}_k - x_k)^2 + (\overline{y}_k - y_k)^2}} = \frac{d + at_k\cos\theta - x_k}{\sqrt{(d + at_k\cos\theta - x_k)^2 + (at_k\sin\theta - y_k)^2}}$$

$$\sin a_k = \frac{\overline{y}_k - y_k}{\sqrt{(\overline{x}_k - x_k)^2 + (\overline{y}_k - y_k)^2}} = \frac{at_k\sin\theta - y_k}{\sqrt{(d + at_k\cos\theta - x_k)^2 + (at_k\sin\theta - y_k)^2}}$$

取时间步长为 Δt，则在时刻 $t + \Delta t$ 时，导弹的位置为 (x_{k+1}, y_{k+1})：

$$x_{k+1} - x_k = \Delta x_k \approx b\Delta t\cos a_k$$

$$y_{k+1} - y_k = \Delta y_k \approx b\Delta t\sin a_k$$

其仿真步骤如下：

（1）设时间步长为 Δt，速度 a、b 及初始位置 $x_0 = 0$，$y_0 = 0$。

（2）由 t_k 时刻导弹与敌舰的位置坐标计算导弹和敌舰在 $t_{k+1} = t_k + \Delta t$ 时的坐标 (x_{k+1}, y_{k+1}) 和 $(\overline{x}_{k+1}, \overline{y}_{k+1})$，有

$$x_{k+1} = x_k + b\Delta t \frac{d + at_k\cos\theta - x_k}{\sqrt{(d + at_k\cos\theta - x_k)^2 + (at_k\sin\theta - y_k)^2}}$$

$$y_{k+1} = y_k + b\Delta t \frac{at_k\sin\theta - y_k}{\sqrt{(d + at_k\cos\theta - x_k)^2 + (at_k\sin\theta - y_k)^2}}$$

$$\overline{x}_{k+1} = d + a(t_k + \Delta t)\cos\theta$$

$$\overline{y}_{k+1} = a(t_k + \Delta t)\sin\theta$$

（3）计算导弹与敌舰之间的距离为：

$$d_k = \sqrt{(x_{k+1} - \overline{x}_{k+1})^2 + (y_{k+1} - \overline{y}_{k+1})^2}$$

如果 d_k 小于事先设定的距离（即认为导弹击中敌舰时二者之间的距离），则退出循环，否则让时间产生一个步长，返回到第（2）步继续进入下一次循环。

（4）当循环成功退出后，说明点 (x_{k+1}, y_{k+1}) 和 $(\overline{x}_{k+1}, \overline{y}_{k+1})$ 之间的距离小于设定的导弹击中敌舰的距离，循环终止时的时间 t_k 即为导弹击中敌舰所用的时间。

8.2.2 模型的求解

根据上述步骤给出计算机模拟程序代码如下：

```
clear;
a =88;b =450;
d =30;theta =0.3 * pi;
T =0.12;
dd =0.5;                                    % 设定导弹击中敌舰的距离条件
dt =0.002;                                  % 设定时间长
t =0;
err =inf;k =1;
x(1) =0;y(1) =0;
xx(1) =d;yy(1) =0;
while err >dd
    D =sqrt((d +a * t * cos(theta) -x(k))^2 +(a * t * sin(theta) -y(k))^2);
    x(k +1) =x(k) +b * dt * (d +a * t * cos(theta) -x(k))/D;
                                            % 导弹的横坐标
    y(k +1) =y(k) +b * dt * (a * t * sin(theta) -y(k))/D;   % 导弹的纵坐标
    xx(k +1) =d +a * (t +dt) * cos(theta);      % 敌舰的横坐标
    yy(k +1) =a * (t +dt) * sin(theta);         % 敌舰的纵坐标
    err =sqrt((x(k +1) -xx(k +1))^2 +(y(k +1) -yy(k +1))^2);
    t =t +dt;
    k =k +1;
    plot(x,y,'r.',xx,yy,'o');
    hold on;
    axis([0 40 0 7]);
    if t >T                                 % 判断 t 与 T 的大小关系
        flag =1;
        break;
    end
    pause(0.1);
end
hold on;
plot(x(end),y(end),'rh','MarkerSize',14);
```

```
legend('导弹运动轨迹','敌舰运动轨迹');
if flag = =1
    text(27,5.5,'不能击中目标');
    title(['导弹在时间',num2str(T),'h 内不能击中敌舰']);
else
    text(27,5.5,'击中目标');
    title(['导弹在时间',num2str(t),'h 内击中敌舰']);
end
```

运行结果如图 8 – 3 所示。

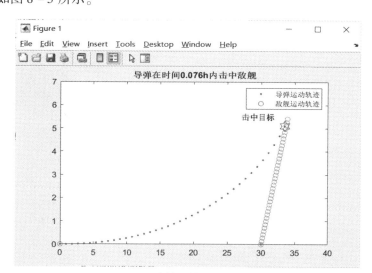

图 8 – 3　计算机模拟求解效果图

8.3　MATLAB 拟合工具箱在航天飞机自主着陆决策中的应用

航天飞机是一种有人驾驶可重复使用的航天器，它既能像火箭一样垂直起飞，像太空飞船一样在轨道上运行，又能像飞机一样水平着陆（见图 8 – 4）。航天飞机的自主着陆过程是无动力飞行，考虑着陆安全性，除了可以选择自动着陆系统外，还可以根据各种自身与外界条件，选择人工辅助自主着陆，以获取最大的着陆安全度。

图 8 – 4　航天飞机垂直起飞和水平着陆

影响航天飞机是否自主着陆的因素包括：稳定性，取值（稳定：1；不稳定：2）；误差大小，取值（超大：1；较大：2；中：3；小：4）；信号，取值（正：1；负：2）；风向，取值（头：1；尾：2）；风力，取值（低：1；中：2；强：3；超出范围：4）；着陆决策为是否自主着陆（Class），取值（半自主：1；自主：2）。表 8－2 为航天飞机是否自主着陆的实测数据，这些数据可以使用神经网络进行拟合，进而预报即将着陆的航天飞机的着陆策略。

表 8－2　航天飞机自主与半自主着陆实测数据

着陆序号	稳定性		误差大小	信号	风向	风力	着陆决策
1	2		1	1	1	1	1
2	2		1	1	1	2	1
3	2		1	1	1	3	1
4	2		1	1	1	4	1
⋮	⋮		⋮	⋮	⋮	⋮	⋮
121	1		3	1	1	2	2
122	1		3	1	2	1	2
123	1		3	1	2	2	2
124	1		3	1	1	3	1
125	1		3	1	2	3	2

建立数据集"航天飞机着陆控制数据集.xlsx"，在 MATLAB 命令窗口输入指令：

>> input = xlsread("D:\BP 例题\着陆控制数据集.xlsx","Sheet1","B1:DV5");

>> output = xlsread("D:\BP 例题\着陆控制数据集.xlsx","Sheet1","B6:DV6");

在命令窗口输入"nftool"，回车，弹出界面如图 8－5 所示；或在"APP"选项卡下拉菜单中的机器学习和深度学习模块（见图 8－6），打开 MATLAB 自带的神经网络工具箱"Neural Net Fitting"（见图 8－5）。图 8－5 所示的网络可以利用 fitnet 函数，实现函数拟合问题。

图 8－5 右半部分介绍了神经网络的输入和输出之间的关系，此时网络默认使用 LM 反向传播算法进行训练，除非内存不足，否则将使用量化共轭梯度反向传播算法。然后单击"Next"按钮进入下一步，如图 8－7 所示。

选择输入矩阵 input 与输出矩阵 output，单击"Next"按钮，得到如图 8－8 所示界面。

从图 8－8 可以选择训练集、验证集、测试集的样本比例，通常按照默认设置即可。在 125 个样本中，采用随机选取方式，分成三个集合：70% 用于训练，15% 用于验证网络是否正在泛化，并在过拟合前停止训练，15% 用于独立测试网络泛化。选择完毕后，单击"Next"按钮，得到图 8－9 所示界面。

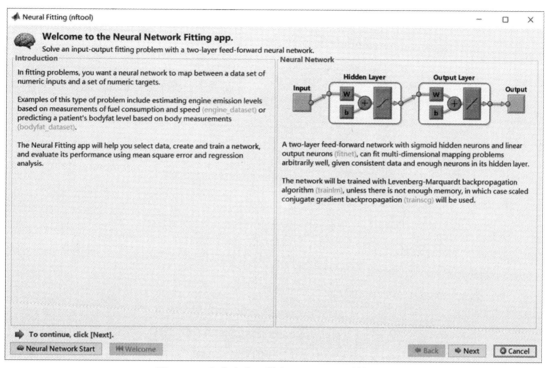

图 8 – 5　在命令窗口输入"nftool"后的界面

图 8 – 6　打开"Neural Net Fitting"工具箱

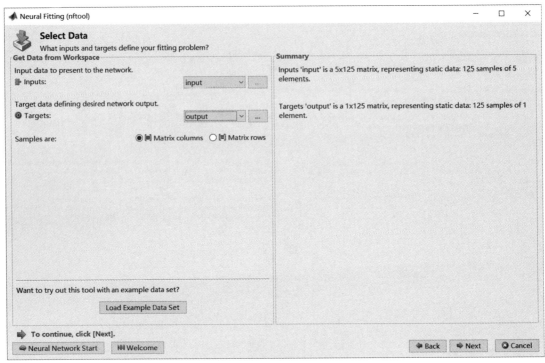

图 8 - 7　设置网络的输入与输出

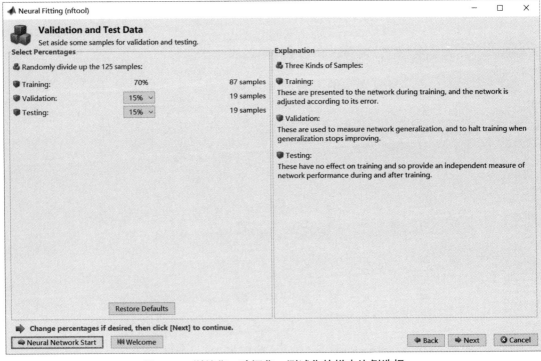

图 8 - 8　训练集、验证集、测试集的样本比例选择

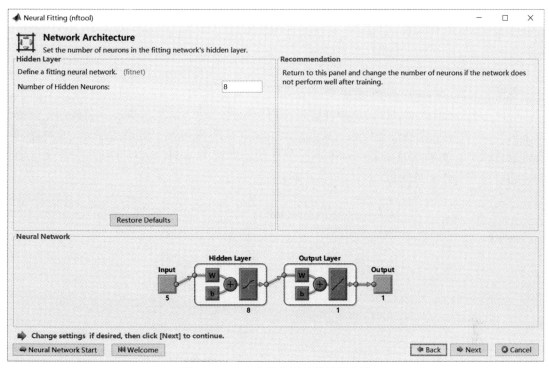

图 8 - 9 自定义隐含层的神经元个数

自定义隐含层的神经元个数，这里根据 Kolmogorov 定理，以 8 个神经元为例。然后单击"Next"按钮，得到图 8 - 10 所示界面。

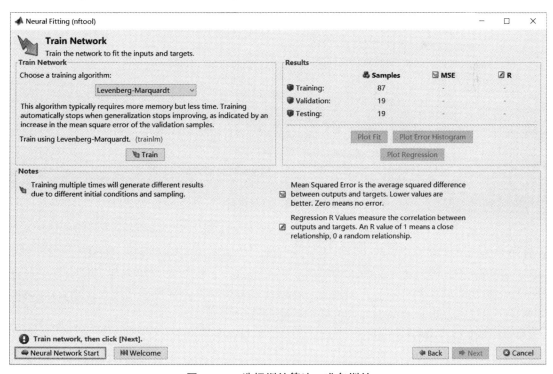

图 8 - 10 选择训练算法，准备训练

在图 8 – 10 中，选择训练算法，这里有 LM 算法（Levenberg – Marquardt）、贝叶斯正则化算法（Bayesian Regularization）、量化共轭梯度算法（Scaled Conjugate Gradient）。这里默认的 LM 算法，即采用"trainlm"函数进行训练。然后单击"Train"按钮开始训练，得到如图 8 – 11 所示的训练界面，可观察此神经网络训练过程中具体的各项参数。

在图 8 – 11 所示的训练界面中，需要注意误差精度（Mu）和泛化性（Validation Checks）。关于误差精度参数的一种理解是，用于给神经网络的权重再加一个调制，这样可以避免在 BP 网络训练的过程中陷入局部最小值，其范围为 0 ~ 1。泛化性表示 BP 神经网络在训练过程中，如果均方误差（MSE）连续 6 次不降反升，则网络停止训练。在训练界面中，还可获得各种训练图像。

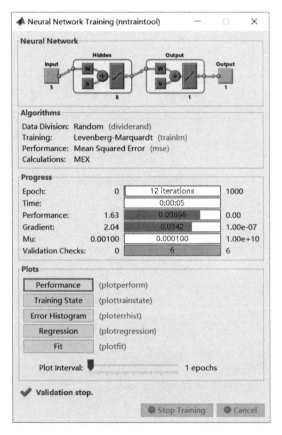

图 8 – 11　训练界面

（1）网络性能（Performance），见图 8 – 12，可得到训练集、验证集、测试集和总体的均方误差随训练次数的变化图像，其中绿色圆圈对应验证集的均方误差（MSE）。

一般情况下，经过更多轮数的训练后，误差会减小，但随着网络开始过拟合训练数据，基于验证数据集的误差可能会开始增大。在默认设置中，在验证误差连续 6 次增大后，训练将停止，最优性能取自验证误差最低的那一轮训练。

（2）训练阶段参数变化情况（Training State）如图 8 – 13 所示。

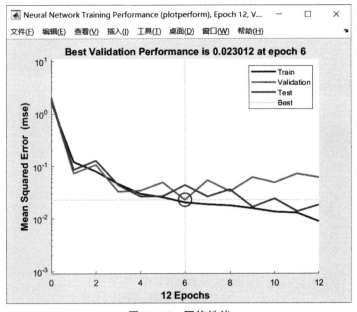

图 8 – 12　网络性能

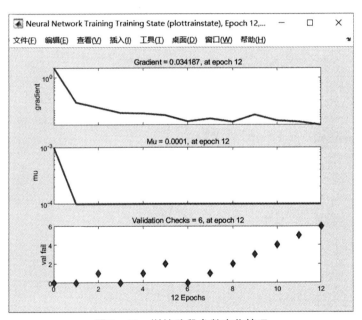

图 8 – 13　训练阶段参数变化情况

（3）误差直方图（Error Histogram），如图 8 – 14 所示，显示训练集、验证集和测试集的误差分布直方图像，蓝条表示训练数据，绿条表示验证数据，红条表示测试数据。直方图可以指示离群值，这些离群值是拟合明显比大部分数据差的数据点。最好检查离群值以确定数据是否不良，或者这些数据点是否不同于数据集的其余部分。如果离群值是有效的数据点，但不同于其余数据，网络将对这些点进行外插。读者应该收集更多看起来像离群值数据点的数据，并重新训练网络。

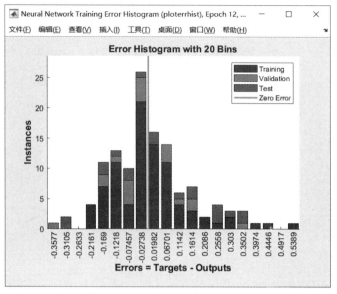

图 8-14　误差直方图

（4）相关性分析（Regression）如图 8-15 所示，对各个样本集和总体的相关性进行分析，得到各自的相关系数 R。

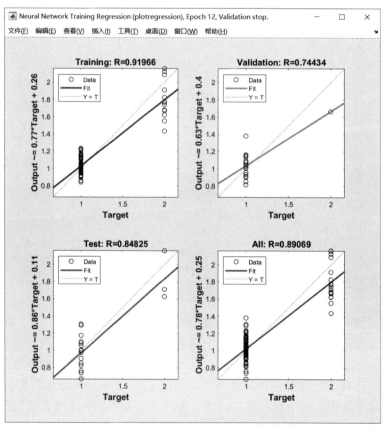

图 8-15　相关性分析

通常 MSE 的值越小，R 值越接近 1，则模型拟合越好，可以从训练后的图表或图 8 – 10 中读出。如果是完美拟合，数据应该沿 45°线下降，其中网络输出等于响应。对于本例问题，所有数据集的拟合效果都很不错。如果对此结果不满意或需要更准确的结果，可在训练后的图 8 – 10 界面单击"Retrain"按钮，或在图 8 – 10 界面单击"Next"按钮进入图 8 – 16 所示界面，添加测试输入和输出后重新训练。每次训练都会采用不同网络初始权重和偏置，并且在重新训练后可以产生改进的网络。

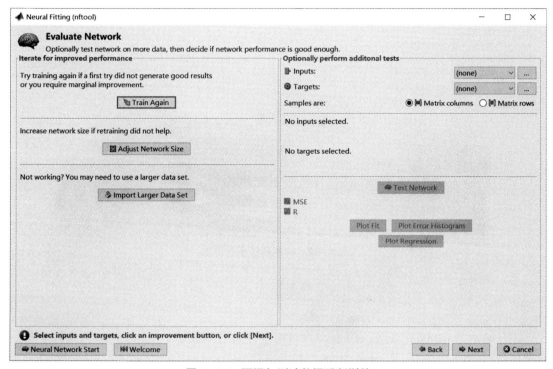

图 8 – 16　可添加测试数据重新训练

训练结束后连续单击"Next"按钮，直至显示图 8 – 17，单击"Save Results"按钮，即可将训练完成的神经网络保存至 MATLAB 工作区，默认名为"net"，可自由更改。之后单击"Finish"按钮结束训练。

调用时，可使用 sim 函数对输入数据进行预测。

例如输入以下程序代码：

```
>> test = [2 1 1;3 4 3;2 1 2;2 1 2;1 3 4];
>> predict = sim(net,test)
```

运行结果：

```
predict =
    1.0294 1.9359 0.9738
```

再看一个例子，选取表 8 – 2 中的第 4 次着陆数据。

例如，输入为 [2 1 1 1 4] 时，

```
>> test = [2 1 1 1 4]';
>> predict = sim(net,test)
```

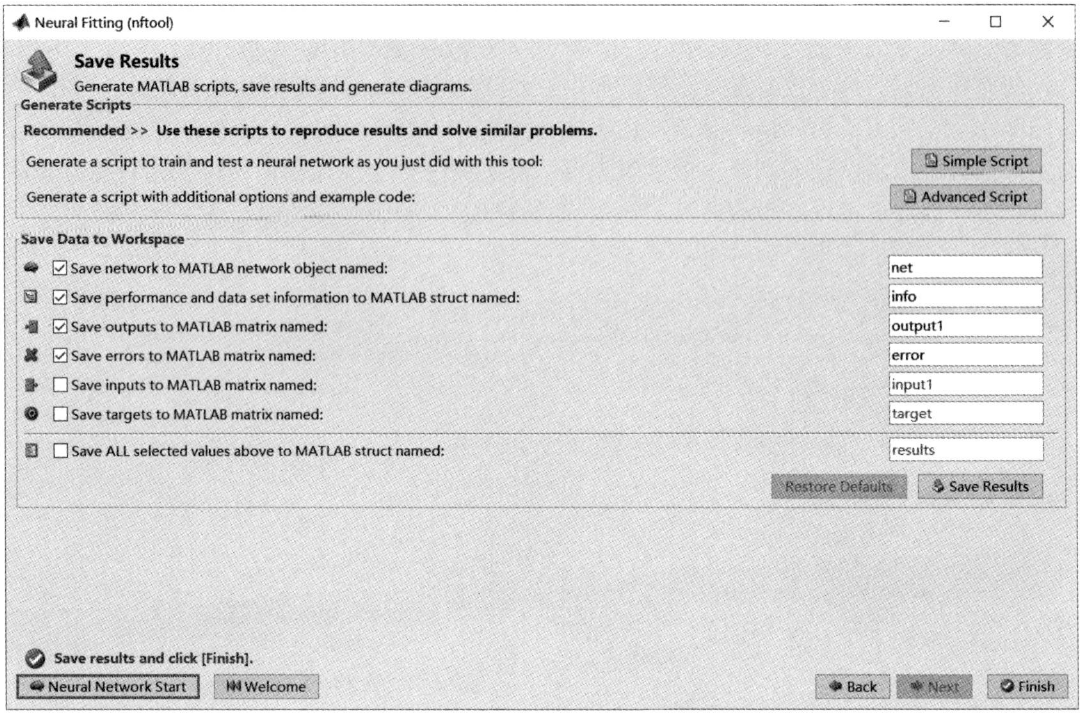

图 8-17　神经网络保存界面

运行结果：

```
predict =
    0.9005
```

对应输出为 0.9005，近似为 1。代表当稳定性为"不稳定"、误差大小为"超大"、信号为"正"、风向为"头部"、风力为"超出范围"时，建议手动着陆（半自主着陆方式）。

8.4　MATLAB 模式识别工具箱在航天飞机自主着陆决策中的应用

继续利用航天飞机自主着陆决策的数据，让我们学习神经网络模式识别工具箱（nprtool）的应用。

在 MATLAB 命令窗口输入指令：

```
>> input = xlsread("D:\BP 例题\着陆控制数据集.xlsx","Sheet1","B1:DV5");
>> output = xlsread("D:\BP 例题\着陆控制数据集.xlsx","Sheet1","B6:DV6");
```

需要指出的是，在运用神经网络模式识别工具箱时，输出数据只能包含"0"与"1"向量，因此需要对输出矩阵 output 作预处理，因为矩阵 output 只有一列（或一行），可以利用如下程序进行简单处理，将 output 转换为 output_1：

输入以下程序代码：

```
>> output_1 = zeros(max(output),numel(output));
>> for i = 1:numel(output)
    output_1(output(i),i) = 1;
end
```

通过上述程序，矩阵变换后，输出（1 0）代表"Class"取值"半自主着陆"，输出（0 1）代表"Class"取值"自主着陆"，满足调用模式识别工具箱的条件。

在命令窗口输入"nprtool"，回车；或在"APP"选项卡下拉菜单中的机器学习和深度学习模块，打开 MATLAB 自带的神经网络工具箱"Neural Net Pattern Recognize"，如图 8 – 18 所示。

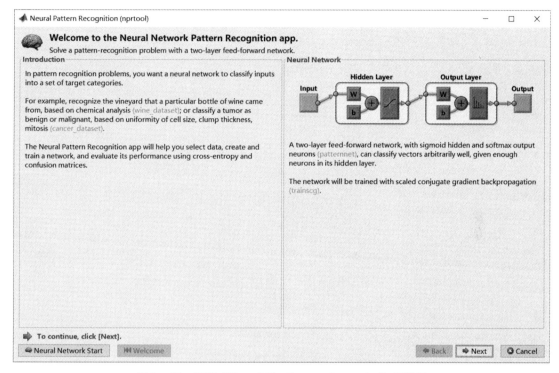

图 8 – 18　打开"Neural Net Pattern Recognize"工具箱

进入如图 8 – 18 所示工具箱，右半部分讲述了神经网络的输入和输出之间的关系。网络将使用量化共轭梯度反向传播算法（trainscg）。

单击"Next"按钮进入下一步，如图 8 – 19 所示，选择输入矩阵 input 与输出矩阵 output_1。

单击"Next"按钮，进入如图 8 – 20 所示界面。选择训练集、验证集、测试集的样本比例，通常按照默认设置即可。

单击"Next"按钮，进入如图 8 – 21 所示界面。自定义隐含层的神经元个数，这里根据 kolmogorov 定理，以 8 个神经元为例。

单击"Next"按钮，进入如图 8 – 22 所示界面，然后单击"Train"按钮开始训练。

此时也会弹出如图 8 – 23 所示的训练界面，在图 8 – 23 中可以观察神经网络训练过程具体的各项参数，还可获得各种训练图像，比如：网络性能（见图 8 – 24），可得到训练集、验证集、测试集和总体的交叉熵（Cross – Entropy）随训练次数的变化图像，其中绿色圆圈对应验证集的交叉熵；训练阶段参数变化情况（见图 8 – 25）；误差直方图（见图 8 – 26），显示训练集、验证集和测试集的误差分布直方图像；混淆矩阵图（见图 8 – 27）与 ROC 曲线图（见图 8 – 28）。

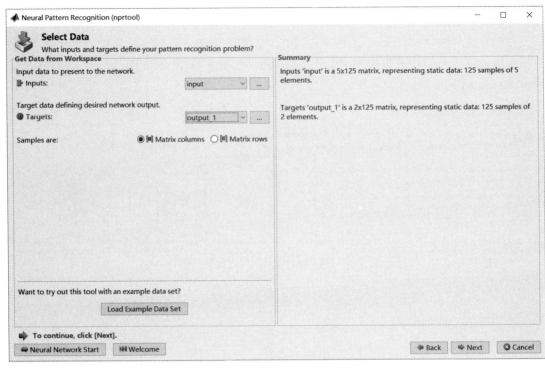

图 8 – 19　设置输入与输出

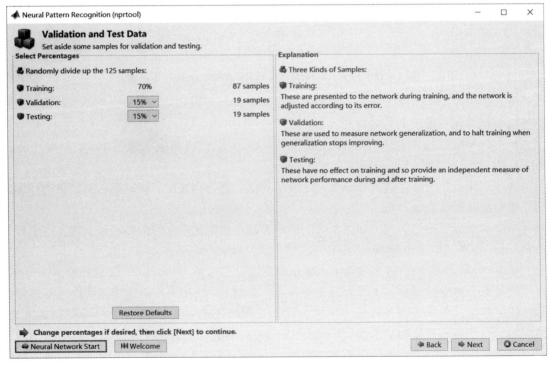

图 8 – 20　训练集、验证集、测试集的样本比例选择

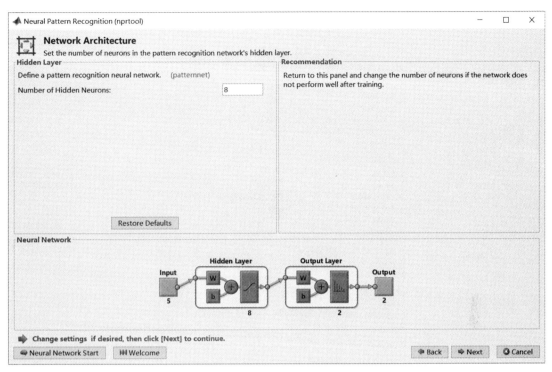

图 8 – 21　自定义隐含层的神经元个数

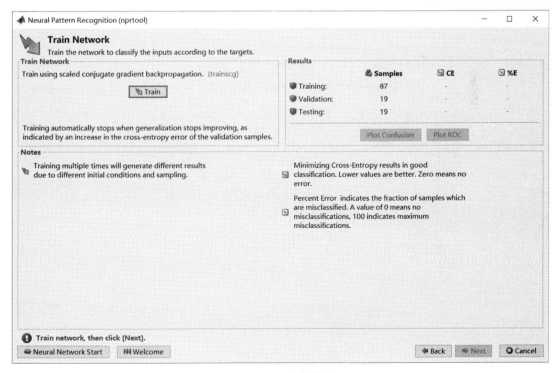

图 8 – 22　准备训练

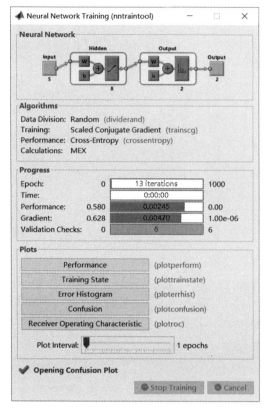

图 8 – 23　训练界面

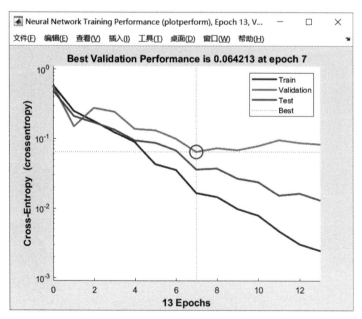

图 8 – 24　网络性能

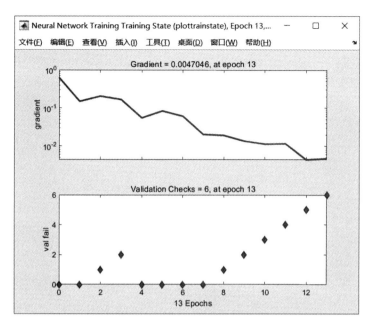

图 8 – 25　训练阶段参数变化情况

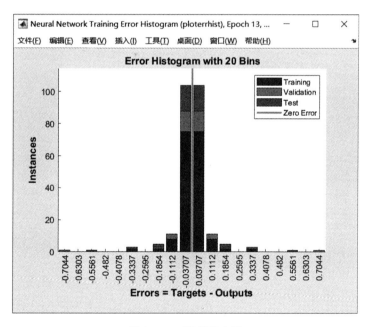

图 8 – 26　误差直方图

图 8-27　混淆矩阵图

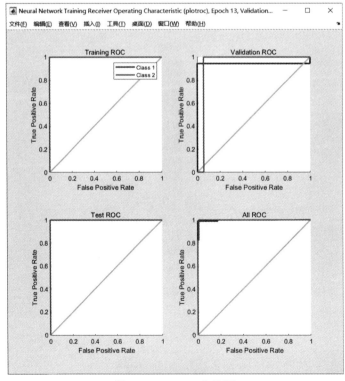

图 8-28　ROC 曲线图

混淆矩阵可按表 8 – 3 理解各部分意义。

表 8 – 3　混淆矩阵意义

被正确归为第一类样本的样本个数/占比	被错误归为第一类样本的第二类样本个数/占比	被归为第一类样本中的所有样本的正确率/误判率
被错误归为第二类样本的第一类样本个数/占比	被正确归为第二类样本的样本个数/占比	被归为第二类样本中的所有样本的正确率/误判率
所有第一类样本的召回率/未召回率	所有第二类样本的召回率/未召回率	总正确率/误判率

ROC 曲线能够很好地描述分类器对于不均衡分布的样本的分类性能，以曲线"Class 1"为例，可以进行如下简单理解（若有更多样本分类亦同理）。

纵轴"真正率（True Positive Rate, TPR）"，表示第一类样本被正确归类的概率，即正判；横轴"假正率（False Positive Rate, FPR）"，表示所有其他类样本被归为第一类样本的概率，即误判。曲线上各点体现判决阈值高低。在（0，0）处，判决阈值最高，所有样本均不能被归为第一类样本，TPR 与 FPR 均为 0；随着判决阈值逐渐降低，越来越多第一类样本得到正确判决，TPR 逐渐增加，但同时其他类样本被误判为第一类样本的概率 FPR 也逐渐增加；在（1，1）处，判决阈值最低，所有样本均被归为第一类样本，TPR 与 FPR 均为 1。读者也可查阅有关资料获得更加详细准确的解读，这里不再赘述。

因此，判决分类越准确，ROC 曲线应越靠近左上角，ROC 曲线下方的面积也应越大。

若对此训练结果不满意，可在训练后的图 8 – 22 界面单击"Retrain"按钮，或在图 8 – 22 界面单击"Next"按钮进入图 8 – 29 所示界面，添加测试输入和输出后重新训练。

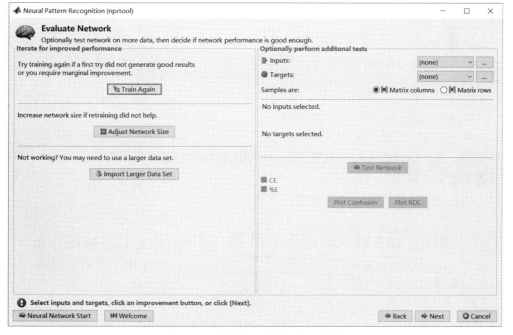

图 8 – 29　可添加测试数据重新训练

训练结束后连续单击 "Next" 按钮, 直至显示图 8 – 30, 单击 "Save Results" 按钮, 即可将训练完成的神经网络保存至 MATLAB 工作区, 默认名为 "net", 可自由更改。之后单击 "Finish" 按钮结束训练。

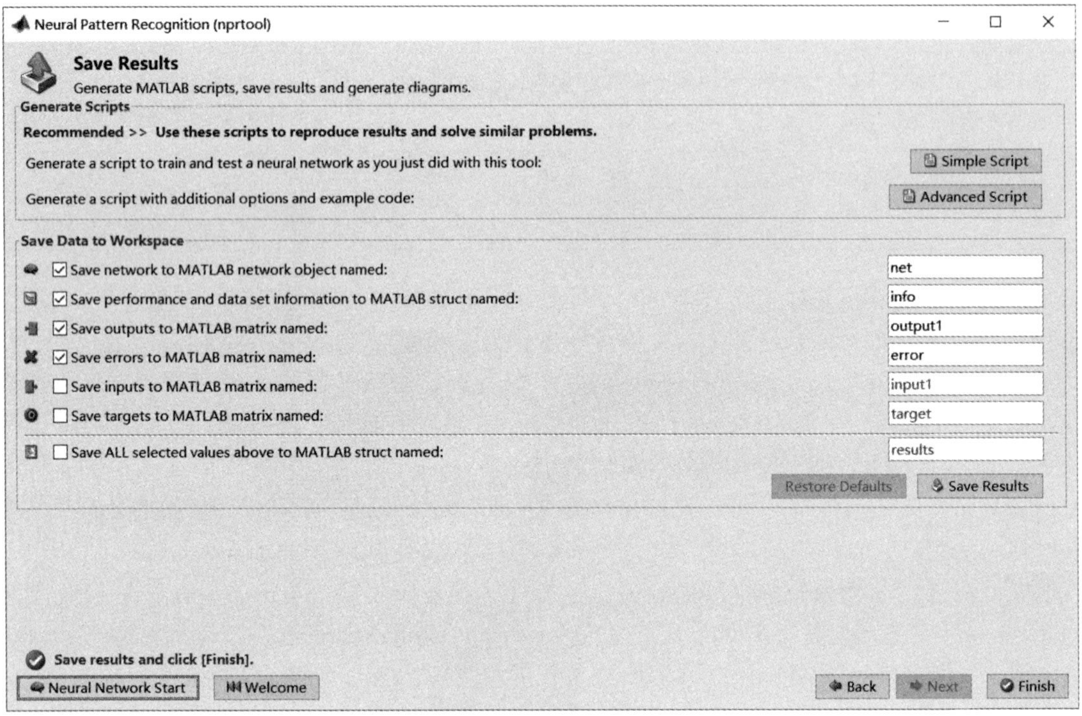

图 8 – 30   神经网络保存界面

调用时, 可使用 sim 函数对输入数据进行预测。

例如输入以下程序代码:

```
>> test = [2 1 1;3 4 3;2 1 2;2 1 2;1 3 4];
>> predict = sim(net,test)
```

运行结果:

```
predict =
     0.9977    0.2214    0.9601
     0.0023    0.7786    0.0399
```

例如第三列, 输入为 [1 3 2 2 4], 对应输出为 [0.9601 0.0399], 近似为 [1 0]。代表当稳定性为 "稳定"、误差大小为 "中"、信号为 "负"、风向为 "尾部"、风力为 "超出范围" 时, 建议手动着陆 (半自主着陆方式)。

8.5   MATLAB 逼近工具箱在跟踪预报中的应用

MATLAB 特别适合作为数学建模, 也可作为大学 "数学实验" 和 "数学建模" 以及 "数据挖掘" 的辅助工具。

让 MATLAB 神经网络逼近工具箱去逼近一个在航天热分析中常见的数学公式:

$$z = \frac{\sin(x^2 + y^2)}{x^2 + y^2}$$

运行程序：

```
>> [X,Y] = meshgrid( -2:0.2:2);
>> Z = sin(X.^2 + Y.^2)./(X.^2 + Y.^2 + eps);
>> SX = [X(:),Y(:)];SZ = Z(:);
>> [nX,nY] = meshgrid( -3:0.1:3);
>> NX = [nX(:),nY(:)];
```

在命令窗口输入"nftool"，回车（见图 8 – 31）；或在"APP"选项卡下拉菜单中的机器学习和深度学习模块（见图 8 – 32），打开 MATLAB 自带的神经网络工具箱"Neural Net Fitting"（见图 8 – 31）。图 8 – 31 所示的网络可以利用 fitnet 函数实现函数拟合问题。

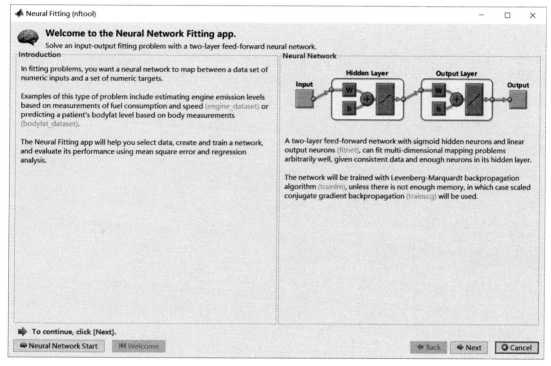

图 8 – 31　在命令窗口输入"nftool"后的界面

在图 8 – 31 中单击"Next"按钮进入下一步，如图 8 – 33 所示。

选择输入矩阵 input 与输出矩阵 output，单击"Next"按钮，得到如图 8 – 34 所示界面。

从图 8 – 34 可以选择训练集、验证集、测试集的样本比例，通常按照默认设置即可。单击"Next"按钮，得到图 8 – 35 所示界面。

自定义隐含层的神经元个数，这里以默认的 10 个神经元为例。然后单击"Next"按钮，得到图 8 – 36 所示界面。

在图 8 – 36 中，选择默认的 LM 算法，即采用 trainlm 函数进行训练。然后单击"Train"按钮开始训练，得到如图 8 – 37 所示的训练界面，可观察此神经网络训练过程中具体的各项参数，还可获得各种训练图像，比如：网络性能（见图 8 – 38）、训练阶段参数变化情况（见图 8 – 39）、误差直方图（见图 8 – 40）、相关性分析（见图 8 – 41）。

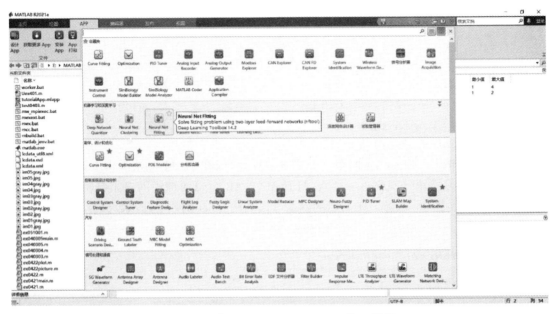

图 8 – 32　打开 "Neural Net Fitting" 工具箱

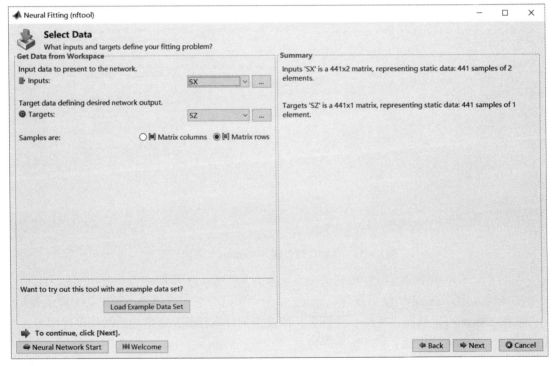

图 8 – 33　设置网络的输入与输出

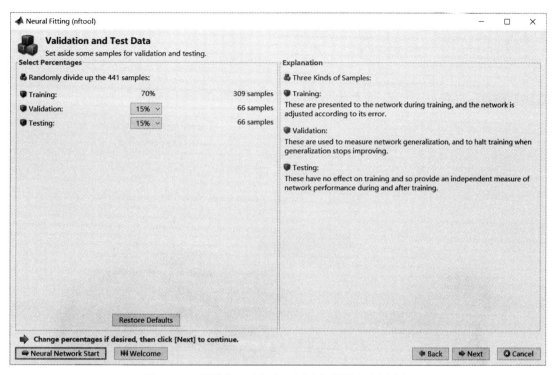

图 8 – 34　训练集、验证集、测试集的样本比例选择

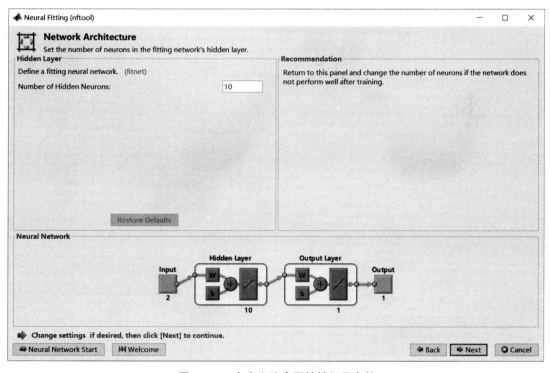

图 8 – 35　自定义隐含层的神经元个数

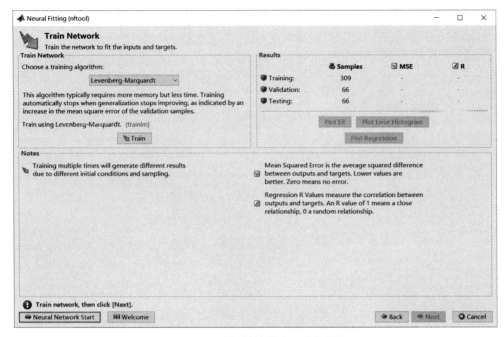

图 8 - 36　选择训练算法，准备训练

若对此结果不满意或需要更准确的结果，可在训练后的图 8 - 36 界面单击"Retrain"按钮，或在图 8 - 36 界面单击"Next"按钮进入图 8 - 42 所示界面，添加测试输入和输出后重新训练。

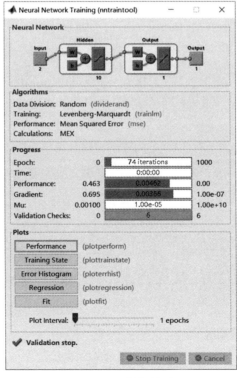

图 8 - 37　训练界面

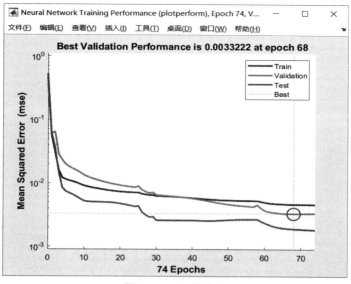

图 8 - 38　网络性能

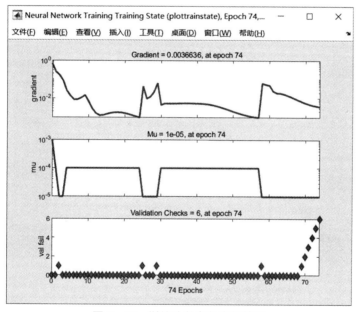

图 8 - 39　训练阶段参数变化情况

训练结束后连续单击"Next"按钮，直至显示图 8 - 43，单击"Save Results"按钮，即可将训练完成的神经网络保存至 MATLAB 工作区，默认名为"net"，可自由更改。之后单击"Finish"按钮结束训练。

调用时，可使用 sim 函数对输入数据进行预测。

例如输入以下程序代码：

```
>> NZ = sim(net,NX');
>> ZZ = reshape(NZ,61,61);
>> surf(nX,nY,ZZ)
```

运行结果如图 8 - 44 所示。

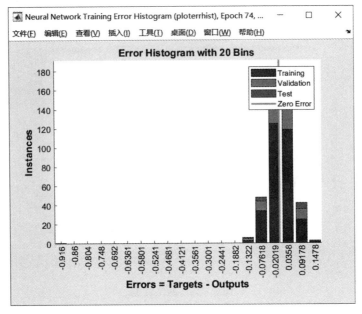

图 8 - 40　误差直方图

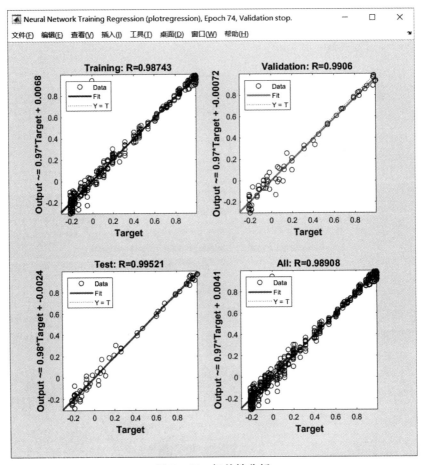

图 8 - 41　相关性分析

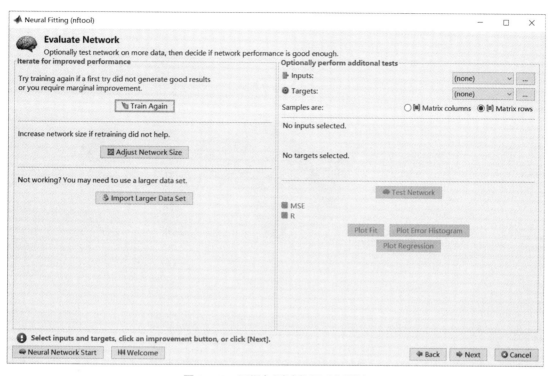

图 8 - 42　可添加测试数据重新训练

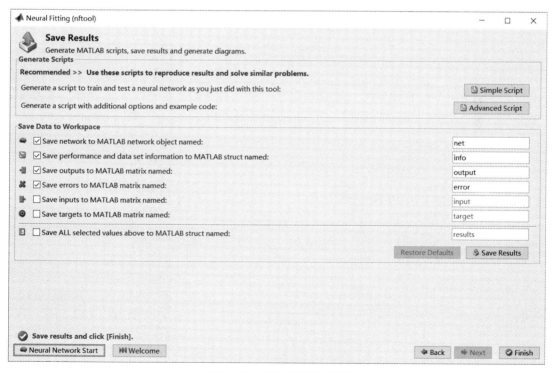

图 8 - 43　神经网络保存界面

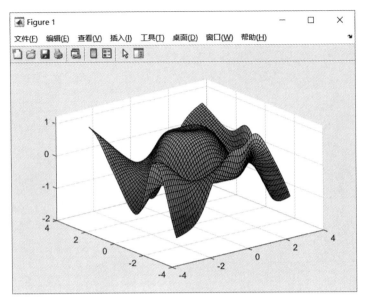

图 8 - 44　对输入数据的预报

8.6　航天器电源系统的故障诊断

8.6.1　带有偏差单元的递归神经网络

图 8 - 45 给出了带有偏差单元的递归神经网络模型的结构，它由三层节点组成：输入层节点、隐含层节点和输出层节点，两个偏差节点分别被加在隐含层和输出层上，隐含层节点不仅接收来自输入层的输出信号，还接收隐含层节点自身的一步延时输出信号，称为关联节点。

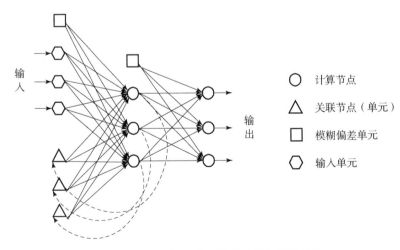

图 8 - 45　带有偏差单元的递归神经网络结构

设 NH 和 NI 分别为隐含层节点数和输入层节点数（除偏差节点），$I_j(k)$ 是带有偏差单元的递归神经网络在时间 k 的第 j 个输入，$x_j(k)$ 是第 j 个隐含层节点的输出，$Y(k)$ 是带有偏差单元的递归神经网络的输出向量，则带有偏差单元的递归神经网络可由如下三个数学公式描述：

$$Y(k) = \sum_{j=1}^{NH} WO_j x_j(k) + WO_{\text{bias}} \tag{8.1}$$

$$x_j(k) = \sigma(S_j(k)) \tag{8.2}$$

$$S_j(k) = \sum_{i=1}^{NH} WR_{ij} x_i(k-1) + \sum_{i=1}^{NI} WI_{ij} I_i(k) + WI_{j\text{bias}} \tag{8.3}$$

式中，$\sigma(\cdot)$ 是隐含层节点的非线性激活函数，WI、WR、WO 分别为从输入层到隐含层、回归信号、从隐含层到输出层的权系数，WI_{bias}、WO_{bias} 分别为加在隐含层和输出层上的偏差单元的权系数。由于隐含层节点的输出可以视为动态系统的状态，所以 FIRN 结构是非线性动态系统的状态空间表示。带有偏差单元的递归神经网络的隐含层节点能够存储过去的输入输出信息。

8.6.2　带有偏差单元的递归神经网络的误差反向传播学习规则的数学推导

带有偏差单元的递归神经网络同 BP 网络基本相近，当带有偏差单元的递归神经网络的偏差单元和关联节点为 0 时，带有偏差单元的递归神经网络就是 BP 网络，所以在考虑带有偏差单元的递归神经网络的权系数调整规则时，可以借用 BP 算法。

考虑三层 BP 网络，设输入模式向量 $\boldsymbol{A}_k = (a_1, a_2, \cdots, a_n)$，希望输出向量 $\boldsymbol{Y}_k = (y_1, y_2, \cdots, y_q)$；中间层单元输入向量 $\boldsymbol{S}_k = (S_1, S_2, \cdots, S_p)$，输出向量 $\boldsymbol{B}_k = (b_1, b_2, \cdots, b_p)$；输出层单元输入向量 $\boldsymbol{L}_k = (l_1, l_2, \cdots, l_q)$，输出向量 $\boldsymbol{C}_k = (c_1, c_2, \cdots, c_q)$；输入层至中间层连接权 $\{W_{ij}\}$，$i = 1, 2, \cdots, n$，$j = 1, 2, \cdots, p$；中间层至输出层连接权 $\{V_{jt}\}$，$j = 1, 2, \cdots, p$，$t = 1, 2, \cdots, q$；中间层各单元输出阈值为 $\{\theta_j\}$，$j = 1, 2, \cdots, p$；输出层各单元输出阈值为 $\{\gamma_t\}$，$t = 1, 2, \cdots, q$。以上 $k = 1, 2, \cdots, m$。

这里采用 S 型函数作为网络响应函数，它有一个重要特性，即 S 型函数的导数可用 S 型函数自身表示

$$f(x) = \frac{1}{1 + e^{-x}} \tag{8.4}$$

$$f'(x) = f(x)[1 - f(x)] \tag{8.5}$$

设第 k 个学习模式网络希望输出与实际输出的偏差为：

$$\delta_j^k = (y_j^k - C_j^k) \quad j = 1, 2, \cdots, q \tag{8.6}$$

δ_j^k 的均方值为：

$$E_k = \sum_{t=1}^{q} (y_t^k - C_t^k)^2 / 2 = \sum_{t=1}^{q} (\delta_t^k)^2 / 2 \tag{8.7}$$

$$\frac{\partial E_k}{\partial C_t^k} = -(y_t^k - C_t^k) = -\delta_t^k \tag{8.8}$$

由于

$$L_t = \sum_{j=1}^{p} V_{jt} \cdot b_j - \gamma_t \quad t = 1, 2, \cdots, q \tag{8.9}$$

$$C_t^k = f(L_t) \quad t = 1, 2, \cdots, q \tag{8.10}$$

连接权 V_{jt} 的微小变化对输出层响应的影响，可由式（8.9）和式（8.10）得：

$$\frac{\partial C_t^k}{\partial V_{jt}} = \frac{\partial C_t^k}{\partial L_t} \cdot \frac{\partial L_t}{\partial V_{jt}} = f'(L_t) \cdot b_j = C_t^k(1 - C_t^k) \cdot b_j$$

$$t = 1, 2, \cdots, q \qquad j = 1, 2, \cdots, p \qquad (8.11)$$

则连接权 V_{jt} 的微小变化对第 k 个模式的均方差 E_k 的影响，可由式（8.8）和式（8.11）推得：

$$\frac{\partial E_k}{\partial V_{jt}} = \frac{\partial E_k}{\partial C_t^k} \cdot \frac{\partial C_t^k}{\partial V_{jt}} = -\delta_t^k C_t^k(1 - C_t^k) \cdot b_j$$

$$t = 1, 2, \cdots, q \qquad j = 1, 2, \cdots, p \qquad (8.12)$$

按梯度下降原则，使连接权 V_{jt} 的调整量 ΔV_{jt} 与 $\dfrac{\partial E_k}{\partial V_{jt}}$ 的负值成比例变化，则由式（8.12）可得：

$$\Delta V_{jt} = -\alpha \frac{\partial E_k}{\partial V_{jt}} = \alpha \delta_t^k C_t^k(1 - C_t^k) \cdot b_j$$

$$0 < \alpha < 1 \quad t = 1, 2, \cdots, q \quad j = 1, 2, \cdots, p \qquad (8.13)$$

设输出层各单元的一般化误差为 d_t^k，$t = 1, 2, \cdots, q$；$k = 1, 2, \cdots, m$。d_t^k 定义为 E_k 对输出层输入 L_t 的负偏导数，由式（8.8）和式（8.9）可得：

$$d_t^k = -\frac{\partial E_k}{\partial L_t} = -\frac{\partial E_k}{\partial C_t^k} \cdot \frac{\partial C_t^k}{\partial L_t} = \delta_t^k C_t^k(1 - C_t^k)$$

$$t = 1, 2, \cdots, q \quad k = 1, 2, \cdots, m \qquad (8.14)$$

则连接权 V_{jt} 的调整量 ΔV_{jt} 可表示为：

$$\Delta V_{jt} = \alpha \cdot d_t^k \cdot b_j$$

$$t = 1, 2, \cdots, q \quad j = 1, 2, \cdots, p \quad k = 1, 2, \cdots, m \qquad (8.15)$$

同理，由输入层至中间层连接权的调整，仍然按梯度下降法的原则进行。中间层各单元的输入 $\{S_j\}$ 为：

$$S_j = \sum_{i=1}^n W_{ij} \cdot a_j - \theta_j \quad j = 1, 2, \cdots, p \qquad (8.16)$$

其输出 $\{b_j\}$：

$$b_j = f(S_j) \quad j = 1, 2, \cdots, p$$

连接权 W_{ij} 的微小变化对第 k 个学习模式的均方误差的影响，可由式（8.2）、式（8.5）、式（8.7）、式（8.9）、式（8.10）推得：

$$\frac{\partial E_k}{\partial W_{ij}} = \left(\sum_{t=1}^q \frac{\partial E_k}{\partial L_t} \cdot \frac{\partial L_t}{\partial b_j} \right) \cdot \frac{\partial b_j}{\partial S_j} \cdot \frac{\partial S_j}{\partial W_{ij}} = \left[\sum_{t=1}^q (-d_t^k) V_{jt} \right] \cdot f'(S_j) \cdot a_i$$

$$= -\left(\sum_{t=1}^q d_t^k V_{jt} \right) \cdot b_j \cdot (1 - b_j) \cdot a_i$$

$$i = 1, 2, \cdots, n \quad j = 1, 2, \cdots, p \qquad (8.17)$$

设中间层各单元的一般化误差为 $\{e_j^k\}$，$j = 1, 2, \cdots, p$；$k = 1, 2, \cdots, m$。e_j^k 定义为 E_k 对中间层输入 S_j 的负偏导数。由式（8.2）、式（8.5）、式（8.7）、式（8.9）可得：

$$e_j^k = -\frac{\partial E_k}{\partial S_j} = -\left(\sum_{t=1}^q \frac{\partial E_k}{\partial L_t} \cdot \frac{\partial L_t}{\partial b_j} \right) \cdot \frac{\partial b_j}{\partial S_j} = \left(\sum_{t=1}^q d_t^k \cdot V_{jt} \right) \cdot b_j \cdot (1 - b_i)$$

$$j = 1, 2, \cdots, p \quad k = 1, 2, \cdots, m \qquad (8.18)$$

则式（8.17）可表示为：

$$\frac{\partial E_k}{\partial W_{ij}} = - e_j^k \cdot a_j$$

$$i = 1,2,\cdots,n \qquad j = 1,2,\cdots,p \tag{8.19}$$

与式（8.15）类似，连接权 W_{ij} 的调整量应为：

$$\Delta W_{ij} = -\beta \frac{\partial E_k}{\partial W_{ij}} = \beta \cdot e_j^k \cdot a_j$$

$$i = 1,2,\cdots,n \qquad j = 1,2,\cdots,p \tag{8.20}$$

同理，阈值 $\{\gamma_t\}$、$\{\theta_j\}$ 的调整量为：

$$\Delta \gamma_t = \alpha \cdot d_t^k \quad t = 1,2,\cdots,q \tag{8.21}$$

$$\Delta \theta_j = \beta \cdot e_j^k \quad j = 1,2,\cdots,p \tag{8.22}$$

以上推导仅仅是针对一组学习模式进行的。设网络的全局误差为 E，则：

$$E = \sum_{k=1}^m E_k = \sum_{k=1}^m \sum_{t=1}^q (y_t^k - C_t^k)^2 / 2 \tag{8.23}$$

从以上的推导可以看出，各个连接权的调整量分别是与各学习模式对的误差函数 E_k 成比例变化的，称为标准误差反向传播算法。而相对于全局误差函数 E 的连接权的调整，应该在所有 m 个学习模式全部提供给网络之后统一进行，称为累积误差反向传播算法。

下面给出整个学习过程的具体步骤和流程图。

（1）初始化。

（2）选取模式对 A_k、Y_k 提供给网络。

（3）用输入模式 A_k、连接权 $\{W_{ij}\}$ 计算中间层各单元的输入 $\{S_j\}$，然后用 $\{S_j\}$ 通过 S 型函数计算中间层各单元的输出 $\{b_j\}$。

$$S_j = \sum_{i=1}^n W_{ij} \cdot a_j - \theta_j \quad j = 1,2,\cdots,p$$

$$b_j = f(S_j) \quad j = 1,2,\cdots,p$$

（4）用中间层的输出 $\{b_j\}$、连接权 $\{W_{ij}\}$ 计算输出层各单元的输入 L_t，然后用 $\{L_t\}$ 通过 S 型函数计算输出层各单元的响应 $\{C_t^k\}$。

$$L_t = \sum_{j=1}^p V_{jt} \cdot b_j - \gamma_t \quad t = 1,2,\cdots,q$$

$$C_t^k = f(L_t) \quad t = 1,2,\cdots,q$$

（5）用希望输出模式 Y_k、网络实际输出 $\{C_t^k\}$ 计算输出层的各单元的一般化误差 $\{d_t^k\}$。

$$d_t^k = (y_t^k - C_t^k) \cdot C_t^k \cdot (1 - C_t^k) \quad t = 1,2,\cdots,q$$

（6）用连接权 $\{V_{it}\}$、输出层的一般化误差 $\{d_t^k\}$、中间层的输出 $\{b_j\}$ 计算中间层各单元的一般化误差 $\{e_j^k\}$。

$$e_j^k = \left(\sum_{t=1}^q d_t^k \cdot V_{jt} \right) \cdot b_j \cdot (1 - b_i) \quad j = 1,2,\cdots,p$$

（7）用输出层各单元的一般化误差 $\{d_t^k\}$、中间层各单元的输出 $\{b_j\}$ 修正连接权 $\{V_{it}\}$。

$$V_{jt}(N+1) = V_{jt}(N) + \alpha \cdot d_t^k \cdot b_j$$

$$j = 1,2,\cdots,p \quad t = 1,2,\cdots,q \quad 0 < \alpha < 1$$

（8）用中间层各单元的一般化误差 $\{e_j^k\}$、输入层各单元的输入 A_k 修正连接权 $\{W_{ij}\}$。

$$W_{ij}(N+1) = W_{ij}(N) + \beta \cdot e_j^k \cdot a_i^k$$
$$i = 1,2,\cdots,n \qquad j = 1,2,\cdots,p \qquad 0 < \beta < 1$$

（9）选取下一个学习模式对提供给网络，返回到步骤（3），直到全部 m 个模式对训练完毕。

（10）重新从 m 个学习模式对中随机选取一个模式对，返回步骤（3），直至网络全局误差函数 E 小于预先设定的一个极小值。

（11）结束学习。

学习过程的流程图如图 8-46 所示。

8.6.3 带有偏差单元的递归神经网络诊断模型的建立

近几年以来，回归神经网络的研究越来越受重视，其应用领域不断扩大，例如 Su 于 1992 年成功地应用回归神经网络对非线性系统进行建模，Ku&Lee、Narendra 在非线性系统辨识和控制中采用了 IRN 模型，获得了满意的效果。

已发展起来的神经网络故障诊断模型，主要包括三层（BP 网）：①输入层，即从实际系统接收的各种故障信息及现象。②中间层，是把从输入层得到的故障信息，经内部的学习和处理，转化为针对性的解决办法。③输出层，是针对输入的故障形式，经过调整权系数 W_{ij} 后，得到的处理故障方法。简而言之，神经网络模型的故障诊断就是利用样本训练收敛稳定后的节点连接权值，向网络输入待诊断的样本征兆参数，计算网络的实际输出值，根据输出值的大小排序，从而确定故障类别。图 8-47 表示基于神经网络的故障分类诊断的一般流程图。

下面，用带有偏差单元的递归神经网络来实现故障分类。带有偏差单元的递归神经网络输入层有 5 个神经元对应 5 个测试点，输出层有 5 个神经元，隐含层有 10 个神经元，其他关联节点和偏差单元的结构配置与图 8-45 相类似。

训练样本如表 8-4 所示，以测试编码作为网络输入，以故障编码作为网络输出，第一层学习率 η 为 1.5，第二层学习率为 1.5，输入偏差学习率为 1.0，输出偏差学习率为 3 000，网络学习到第 7 步，其精度优于 0.01。

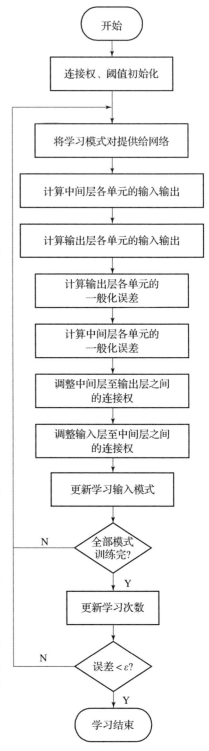

图 8-46　学习过程的流程图

图 8-47 神经网络故障诊断流图

将训练好的网络冻结，以测试编码为输入，得到网络输出结果，网络的输出结果如表 8-5 所示。

表 8-4 故障编码

故障序号	测试编码	故障编码
1	11111	00000
2	01000	10000
3	10000	01000
4	11000	00100
5	11100	00010
6	11110	00001

表 8-5 网络在训练模式的输出结果

测试编码					
11111	01000	10000	11000	11100	11110
故障编码					
bit1	bit2	bit3	bit4	bit5	
0.0000	0.0001	0.0000	0.0000	0.0000	
0.9922	0.0000	0.0002	0.0001	0.0001	
0.0000	0.9922	0.0002	0.0001	0.0001	
0.0000	0.0000	0.9999	0.0002	0.0001	
0.0001	0.0001	0.0000	0.9952	0.0001	
0.0001	0.0001	0.0000	0.0000	0.9985	

其实现的 MATLAB 程序如下：

```
clear all;
% 标准输入输出数据
p = [1 1 1 1 1
     0 1 0 0 0
     1 0 0 0 0
     1 1 0 0 0
     1 1 1 0 0
     1 1 1 1 0];
```

```matlab
t = [0 0 0 0 0
     1 0 0 0 0
     0 1 0 0 0
     0 0 1 0 0
     0 0 0 1 0
     0 0 0 0 1];
% 给权值赋初值
w1 = eye(5,10);
w2 = eye(10,5);
wr = eye(10,10)/3;
wobias = eye(6,5)/4;
wbias = eye(6,10)/6;
x = ones(6,10)/3;
ww2 = zeros(10,5)/6;
ww1 = zeros(5,10)/6;
wwr = zeros(10,10)/6;
wwobias = zeros(6,5)/5;
wwbias = zeros(6,10)/4;
g = [1 1 1 1 1];
f = [1 1 1 1 1 1 1 1 1 1];
mmax = 0.2;
mmmax = 0.1;
% 要求的偏差值
h = 0.04;
u = 0.04;
% 输出层权值的学习速度
a = 1.5;
% 隐含层权值的学习速度
b = 1.18;
% 递归层权值的学习速度
v = 1.5;
% 输出 bias unit 的学习速度
r = 3000;
% 输入 bias unit 的学习速度
w = 10;
% 学习的步数
n = 0;
mm = 0;
```

```matlab
while mmax > 0.01
    % 六个输入模式对依次输入
    % while  mmax > 0.01
    % 十个隐含层单元的输入输出
    s = p * w1 + x * wr + h * wbias;
    x = exp( -s.^2./2 );
    % 五个输出层单元的输入输出
    y = x * w2 + u * wobias;
    c = exp( -y.^2./2 );
    % 希望的输出与实际的输出的偏差
    j = t - c;
    dj = max(abs(j));
    mmax = max(dj');
    if mmax > 0.04
        for k = 1:6
            % 输出层单元的一般化误差
            d = -j.*y.*exp( -y.^2./2 );
            % 隐含层单元的一般化误差
            e = -d * w2'.*s.*exp( -s.^2./2 );
            ww2 = ww2 + a * (f' * d(k,:)).*(g' * x(k,:))';
            wwobias = wwobias + r * d * h;
            ww1 = ww1 + b * (f' * p(k,:))'.*(g' * e(k,:));
            wwr = wwr + v * (f' * x(k,:))'.*(f' * e(k,:));
            wwbias = wwbias + w * e * u;
        end
        ww2 = ww2./6;
        ww1 = ww1./6;
        wwr = wwr./6;
        wwobias = wwobias./6;
        wwbias = wwbias./6;
        w2 = w2 + ww2;
        w1 = w1 + ww1;
        wr = wr + wwr;
        wobias = wobias + wwobias;
        wbias = wbias + wwbias;
    end
    mm = mm + 1;
    n = n + 1;
```

```
    nn(mm) = n;
    ee(n) = mmax;
    ww2 = zeros(10,5)/6;
    ww1 = zeros(5,10)/6;
    wwr = zeros(10,10)/6;
    wwobias = zeros(6,5)/5;
    wwbias = zeros(6,10)/4;
end

% 找出所有实际输出与希望输出的最大误差
% 所有模式训练后的满足要求的实际输出
c
x = 1:1:n;
plot(x,ee)
xlabel('训练步数')
ylabel('最大误差')
```

运行程序，输出效果如图 8-48 所示。

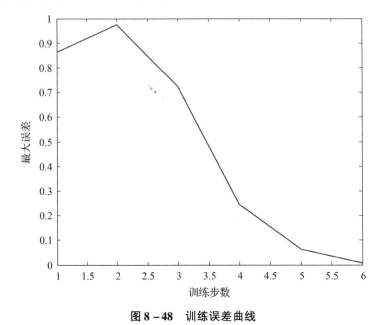

图 8-48　训练误差曲线

8.6.4　IRN 网络的故障诊断方法在航天器电源分系统故障诊断中的应用

（1）航天器电源系统的故障树模型。

通常航天器的故障检测与诊断是以航天器的遥测参数为依据进行的故障判别和分析，航天器的测点将不同程度地反映出故障，但是，由于一个故障可能影响多个测点参数，因此给专家对航天器故障的分析带来麻烦。

故障树是关于系统结构、功能和行为方面知识的定性因果模型。它是以某一故障事件为根结点，以该故障发生的前提条件为父结点，测点信息为子结点而建立的反映事件逻辑与或关系的倒树状结构图。从故障诊断角度看，子结点事件是父结点事件的征兆，也是确定父结点事件发生的前提条件，于是可采用 IF – THEN 的产生式规则来表示其定性的因果关系，即 IF "子事件" THEN "父事件"。因此，故障树分析是一种面向对象的、以故障为中心的分析方法。本节以主电源光照区母线电压过压为根结点，建立故障树，主电源光照区母线电压过压故障树如图 8 – 49 所示。

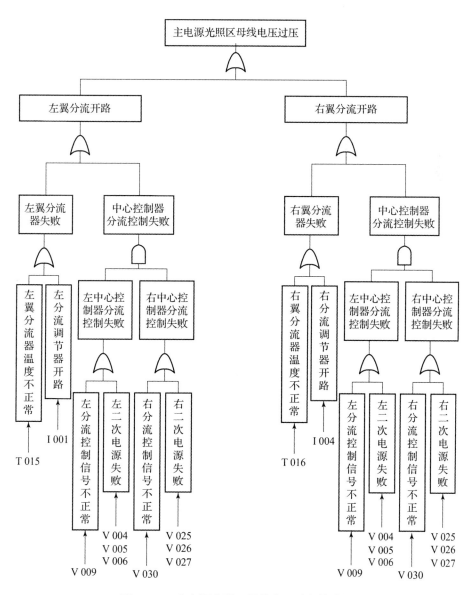

图 8 – 49   主电源光照区母线电压过压故障树

（2）IRN 网络在航天器电源系统故障诊断中的应用。

依据上述故障树模型，建立主电源光照区母线电压过压测试编码和故障编码的描述如表 8-6 所示，用 IRN 网络来实现故障分类，IRN 网络输入层有 12 个神经元对应 12 个测试点，输出层有 4 个神经元，隐含层有 20 个神经元，其他关联节点和偏差单元的结构配置与图 8-45 相类似。

以表 8-6 中测试编码作为网络输入，以故障编码作为网络输出；IRN 网络的第一层学习率 η 为 1.5，第二层学习率为 1.7；输入偏差学习率为 1.0，输出偏差学习率为 3 500；网络学习到第 6 步，其精度优于 0.02。将训练好的网络冻结，仿真测试，诊断结果如表 8-7 所示。

表 8-6 主电源光照区母线电压过压故障编码表

序号	测试编码												故障编码			
	TNt015	TNt016	INt001	INt004	VNt009	VNt030	VNt004	VNt005	VNt006	VNt025	VNt026	VNt027				
1	0	1	1	1	1	1	1	1	1	1	1	1	0	0	0	1
2	1	0	1	1	1	1	1	1	1	1	1	1	0	0	1	0
3	1	1	0	1	1	1	1	1	1	1	1	1	0	0	1	1
4	1	1	1	0	1	1	1	1	1	1	1	1	0	1	0	0
5	1	1	1	1	0	1	1	1	1	1	1	1	0	1	0	1
6	1	1	1	1	1	0	1	1	1	1	1	1	0	1	1	0
7	1	1	1	1	1	1	0	0	1	1	1	1	0	1	1	1
8	1	1	1	1	1	1	1	1	1	0	0	0	1	0	0	0
9	1	1	1	1	1	1	1	1	1	1	1	1	1	1	1	1

表 8-7 IRN 网络在训练模式的输出结果

输入样本								
11111 111111	101111 111111	110111 111111	111011 111111	111101 111111	111110 111111	111111 00011	111111 111000	111111 110111

计算机仿真输出的故障诊断结果				
bit1	bit2	bit3	bit4	故障名称
0.0000	0.0000	0.0000	0.9887	左翼分流器温度不正常
0.0000	0.0000	0.9995	0.0001	右翼分流器温度不正常
0.0000	0.0002	0.9898	0.9888	左分流调节器开路
0.0000	0.9959	0.0000	0.0002	右分流调节器开路
0.0000	0.9853	0.0000	0.9998	左分流控制信号不正常
0.0001	0.9981	0.9999	0.0000	右分流控制信号不正常
0.0000	0.9897	0.9898	0.9877	左二次电源失效
0.9959	0.0000	0.0000	0.0002	右二次电源失效
0.9788	0.9978	0.9989	0.9998	主电源光照区母线电压正常

习　　题

1. 任意找一个数据集，使用合适的方法对数据进行分类、预测。

2. 经过全书的学习，结合自己所学及相关航天知识，发现感兴趣的问题，尝试使用 MATLAB 进行简单的建模仿真。

参 考 文 献

［1］ 张德丰，雷晓平，周燕. MATLAB 基础与工程应用［M］. 北京：清华大学出版社，2011.

［2］ 孙篷. MATLAB 基础教程［M］. 北京：清华大学出版社，2011.

［3］ 肖伟. MATLAB 程序设计与应用［M］. 北京：清华大学出版社，2005.

［4］ 王正林，刘明. 精通 MATLAB：升级版［M］. 北京：电子工业出版社，2011.

［5］ 薛山. MATLAB 基础教程［M］. 北京：清华大学出版社，2011.

［6］ 刘卫国. MATLAB 基础教程［M］. 北京：北京邮电大学出版社，2016.

［7］ 栾颖. MATLAB R2013a 工程分析与仿真［M］. 北京：清华大学出版社，2014.

［8］ Brian H H, Daniel T V. Essential MATLAB for engineers and scientists［M］. Amsterdam：Elsevier，2017.

［9］ Desmond J H, Nicholas J H. MATLAB guide［M］. Philadelphia：Society for Industrial and Applied Mathematics，2005.

［10］ Ashish T. Automatic control of atmospheric and space flight vehicles［M］. New York：Birkhäuser，2011.